Autoren

Dr. Gregor Klaus
Freier Wissenschaftsjournalist
Institut für Umweltwissenschaften
Universität Zürich
Winterthurerstrasse 190
8057 Zürich
gregor.klaus@dplanet.ch

Jörg Schmill

Locher, Brauchbar & Partner AG
Kommunikation für Umwelt und Gesundheit
Wettsteinallee 7
4058 Basel
schmill@lbp.ch

Prof. Bernhard Schmid
Institut für Umweltwissenschaften
Universität Zürich
Winterthurerstrasse 190
8057 Zürich
bschmid@uwinst.unizh.ch

Prof. Peter J. Edwards
Geobotanisches Institut der ETH
Zürichbergstrasse 38
8044 Zürich
peter.edwards@geobot.umnw.ethz.ch

Gregor Klaus
Jörg Schmill
Bernhard Schmid
Peter J. Edwards

BIOLOGISCHE VIELFALT
PERSPEKTIVEN FÜR DAS NEUE JAHRHUNDERT

Erkenntnisse aus dem
Schweizer Biodiversitätsprojekt

FNSNF

SCHWEIZERISCHER NATIONALFONDS ZUR FÖRDERUNG
DER WISSENSCHAFTLICHEN FORSCHUNG
FONDS NATIONAL SUISSE DE LA RECHERCHE SCIENTIFIQUE
SWISS NATIONAL SCIENCE FOUNDATION

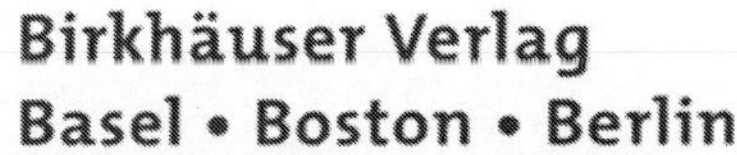

Birkhäuser Verlag
Basel · Boston · Berlin

Die Deutsche Bibliothek – CIP-Einheitsaufnahme
Biologische Vielfalt – Perspektiven für das neue Jahrhundert : Erkenntnisse
aus dem Schweizer Biodiversitätsprojekt / Gregor Klaus .... – Basel ; Boston ;
Berlin : Birkhäuser, 2001
Franz. Ausg. u. d. T.: Diversité biologique – les perspectives du siècle naissant
ISBN-13: 978-3-7643-6195-2   e-ISBN-13: 978-3-0348-7371-0
DOI: 10.1007/978-3-0348-7371-0

© 2001 Birkhäuser Verlag,
Postfach 133, CH-4010 Basel, Schweiz
Der Birkhäuser Verlag ist ein Unternehmen der
Fachverlagsgruppe BertelsmannSpringer.
Gedruckt auf säurefreiem Papier, hergestellt aus chlorfrei
gebleichtem Zellstoff. TCF ∞
Buch- und Umschlaggestaltung: Jörg Schmill, Basel, Schweiz

9 8 7 6 5 4 3 2 1

Inhalt

Die Vielfalt des Lebens

Die Bedrohung

Diagnose des Verlusts

Strategien

Anhang

Vorwort

nser Land hat die Biodiversitätskonvention von Rio unterzeichnet und zahlreiche Massnahmen zur Erhaltung der biologischen Vielfalt eingeleitet. Die Schweiz hat zum Beispiel die Direktzahlungen an die Landwirtschaft ökologisch umgestaltet und ein Programm zur Erfassung der Biodiversität gestartet. Jedes Jahr geben Bund und Kantone rund 900 Millionen Franken für die biologische Vielfalt aus. Diese Anstrengungen haben erste Früchte getragen – auch wenn noch viel, sehr viel zu tun bleibt.

Obwohl die Biodiversität unsere Lebensgrundlage darstellt, ist sie nach wie vor eine grosse Unbekannte. Wir kennen noch nicht einmal alle unsere Tier- und Pflanzenarten, geschweige denn die zahlreichen Mikroorganismen. Auch wissen wir wenig über die Zusammenhänge zwischen der biologischen Vielfalt und den Funktionen von Ökosystemen. Ebenso erahnen wir erst, wie sich globale Veränderungen wie der Anstieg des Kohlendioxidgehalts in der Luft auf unsere Artenvielfalt auswirken werden. Wir brauchen deshalb wissenschaftliche Erkenntnisse, damit wir die Gefahren erkennen, die unserem natürlichen Reichtum drohen. Und damit wir unsere Massnahmen verbessern können.

Das vom Schweizer Parlament 1992 ins Leben gerufene Projekt «Biodiversität» hat manche Wissenslücke geschlossen. Die Resultate werden in diesem Buch präsentiert. Jetzt müssen die Forschungsergebnisse in die Praxis umgesetzt werden. Nicht bloss von unserem Amt, sondern auch von anderen Bundesstellen, den Kantonen und Gemeinden sowie von den Naturschützerinnen und Naturschützern, die mit ihrem Einsatz vor Ort die biologische Vielfalt bewahren. Denn nur wenn wir die neuen Erkenntnisse berücksichtigen, werden wir unser Ziel, das am Erdgipfel von Rio skizziert worden ist, erreichen: Eine nachhaltige Schweiz, ein hoch industrialisiertes Land, dem es gelingt, sich in Harmonie mit einer intakten Natur zu entwickeln.

Philippe Roch
Direktor des Bundesamtes für Umwelt, Wald und Landschaft

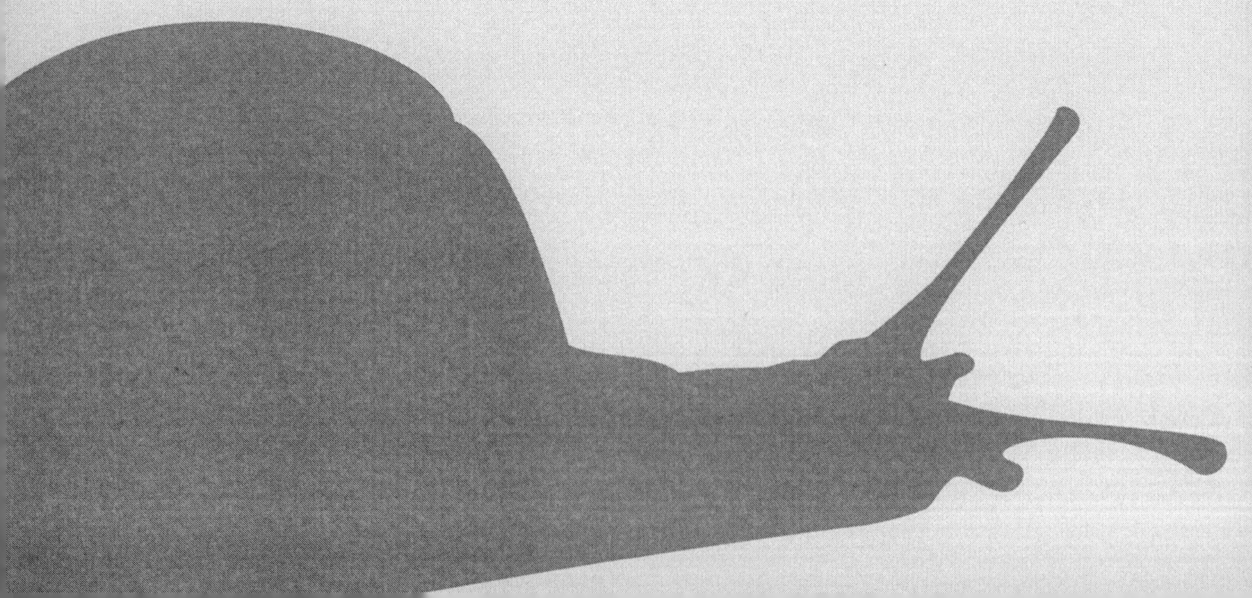

Einleitung

ir leben umgeben von biologischer Vielfalt und sind selber Teil davon. Aus der Biodiversität schöpfen wir Nahrung, Rohstoffe für Kleidung, Baumaterialien, Medikamente und weitere Produkte des täglichen Lebens. Die Biodiversität ist aber auch die Essenz der Biosphäre, der dünnen Schicht zwischen der Oberfläche unseres Planeten und dem Vakuum des Weltraums, die letztlich das Klima, die Energie- und Stoffkreisläufe, die Bodenbildung bestimmt und reguliert. Ohne Biodiversität wäre die Erde ein Planet wie der Mars und viele andere ein unwirtlicher Ort für unser Dasein. Der oft rücksichtslose Verbrauch der natürlichen Ressource Biodiversität durch die stets expandierende menschliche Bevölkerung und Wirtschaft steht im krassen Widerspruch zur Belastbarkeit unserer Erde und zu unserer Abhängigkeit von der Ressource Biodiversität. An der Wende ins dritte Jahrtausend beansprucht die gesamte Menschheit ungefähr die Hälfte der weltweiten Primärproduktion aller Pflanzen. Dieser gigantische Ressourcenverbrauch durch nur eine einzige Art geht vorerst auf Kosten der «restlichen» rund 10–100 Millionen Arten. Längerfristig steht aber auch die Entwicklung der Menschheit und ihrer kulturellen und wirtschaftlichen Errungenschaften selbst auf dem Spiel.

Im Gegensatz zu anderen menschlichen Umwelteinflüssen kann der Verlust einer Tier- oder Pflanzenart nicht rückgängig gemacht werden, jedenfalls nicht mit allen heute oder in absehbarer Zukunft zur Verfügung stehenden Mitteln. Der Zustand der Biodiversität auf der Erde ist somit gleichsam ein Indikator für den Gesundheitszustand unseres Planeten. Je tiefer die Biodiversität fällt, desto schlimmer steht es um die Lebensfähigkeit (im wörtlichen Sinne!) unseres Planeten. Der rapide Verlust an Biodiversität im Zeitalter der Industrialisierung erreichte Ende des letzten Jahrhunderts so Besorgnis erregende Werte, dass sich an der Welt-Konferenz in Rio de Janeiro 1992 die grosse Mehrheit aller Staaten, 181 an der Zahl, dazu entschloss, eine Biodiversitätskonvention zu schaffen. Darin verpflichteten sich alle unterzeichnenden Parteien unter anderem, eine auf die Erhaltung der biologischen Vielfalt ausgerichtete Forschung zu betreiben. Das «Integrierte Projekt Biodiversität» – kurz Biodiversitätsprojekt – des Schwerpunktprogramms Umwelt, das 1992 vom Schweizer Parlament ins Leben gerufen wurde, ist ein wichtiger Beitrag der Schweiz, um dieser Verpflichtung nachzukommen. Weit über 50 Wissenschafterinnen und Wissenschafter aus den Bereichen Biologie, Ökologie, Geographie, Umweltwissenschaften, Agronomie, Landschaftsarchitektur, Ethnologie, Politologie und Ökonomie haben während acht Jahren und im Hinblick auf eine nachhaltige Entwicklung in der Schweiz Wege zur Erhaltung unserer bedrohten biologischen Vielfalt erforscht und aufgezeigt.

Die Auseinandersetzung mit Umweltfragen hat Forschende zur Einsicht gebracht, dass Erkenntnisse zu diesen komplexen Problemen nicht mehr nur im Alleingang der einzelnen Disziplinen gewonnen werden können, sondern einer Fächer übergreifenden Betrachtung bedürfen. Dieser Ansatz wurde im Biodiversitätsprojekt in seiner vollen Breite erstmals und beispielhaft angewandt. Dabei orientierten sich die Forschungsgruppen von Beginn weg an der gemeinsamen Fragestellung, wie es um die Biodiversität steht (Diagnose) und welcher Handlungsbedarf sich daraus ergibt (Therapie). Von sämtlichen Forschenden wurde dabei ein Ausbrechen aus ihren eigenen disziplinären Arbeiten, ein Überschreiten der traditionellen Themenbereiche und ein grosses Mass an Offenheit für neue, gesellschaftlich relevante Forschungsansätze verlangt. Ein Resultat dieses Prozesses war die Erkenntnis aller, dass problemorientierte interdisziplinäre Forschung nicht nur spannend, sondern auch wissenschaftlich ertragreich sein kann. Erst durch den breiten integrativen Zugang konnte ein ausreichendes wissenschaftliches Verständnis für die Mechanismen des Verlustes von Biodiversität gewonnen werden, um daraus gezielte Empfehlungen für sachgerechtes Handeln im Hinblick auf den Erhalt und die Förderung von Biodiversität abzuleiten.

Das «Biodiversitätsprojekt» ist abgeschlossen. Der daraus sich ergebenden gesellschaftlichen und politischen Herausforderung kommen wir nun durch die Darstellung der wichtigsten Resultate in diesem Buch nach. Neben den hier vorgestellten konkreten Resultaten des Biodiversitätsprojektes waren jedoch für alle Beteiligten die «Nebenwirkungen» ebenfalls sehr bedeutend: die zahlreichen interdisziplinären Begegnungen, der bessere Umgang mit An-

Genauer Blick
Während acht Jahren haben die
Forschenden die biologische
Vielfalt in der Schweiz unter-
sucht.

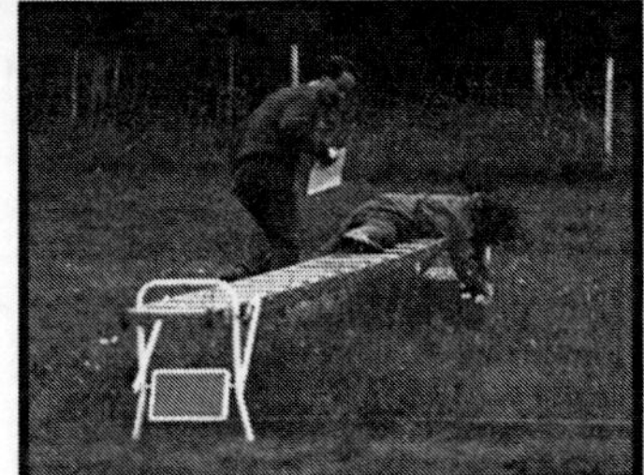

Balanceakt
Forschende zählen Arten auf
dem Versuchsfeld.

Akribische Vorbereitungen
Das aufwändige Freiluft-
experiment erforderte
einen grossen technischen
Aufwand.

forderungen aus der Anwendung und Praxis, das Verständnis für verbesserte Projektabläufe in grossen Forschungsverbänden und vor allem die Ausbildung einer neuen Generation von Wissenschafterinnen und Wissenschaftern, die nun in der Schweiz und in verschiedenen Ländern Europas und Amerikas den neuen Fo schungsstil weiter pflegen und vermehren.

Dieses Buch ist als Gesamtschau des Biodiversitätsprojekts selbst wieder ein Teilprojekt desselben. Es hätte ohne die grosszügige Hilfe des Schweizerischen Nationalfonds, der auch die darin vorgestellten Forschungsarbeiten finanzierte, in dieser Form nicht realisiert werden können. Die zusätzliche Unterstützung ermöglichte es uns, die beiden erstgenannten Autoren mit der Sammlung und leicht verständlichen Darstellung der zumeist in «Wissenschaftssprache» abgefassten Primärarbeiten zu betrauen. Neben den Mitarbeitenden aller Forschungsgruppen (siehe Liste am Schluss des Buches) haben uns auch zahlreiche Aussenstehende wertvolle Verbesserungsvorschläge und Hinweise zu diesem Buch gegeben. Ein besonderer Dank geht an Dr. Corinne Klaus-Hügi (Umweltwissenschafterin) und Dr. Urs Tester (Pro Natura). Sie haben Teile des Manuskriptes kritisch gelesen und kommentiert. Ganz herzlich möchten wir uns auch bei Bernhard Klaus für das Lektorieren des Buches bedanken sowie bei all jenen, die uns ihre Fotos zur Verfügung gestellt haben. Dankbar sind wir auch Catherine Perret, die uns bei der französischen Übersetzung des Werkes behilflich war.

Die Vielfalt des Lebens

und 3,5 Milliarden Jahre hat es gedauert, bis sich aus den Urlebewesen eine schier unglaubliche Anzahl von Arten entwickelt hat. Wissenschafterinnen und Wissenschafter schätzen, dass sich heute auf unserem Planeten zwischen 10 und 100 Millionen verschiedene Lebenformen befinden. Die meisten Arten leben in den tropischen Regenwäldern. Aber auch in der Schweiz gibt es äusserst artenreiche Lebensräume. Forschende des Biodiversitätsprojektes haben die Kalkmagerrasen untersucht, um ihre enorme Vielfalt zu ergründen. Dabei haben sie verblüffende Erkenntnisse gewonnen: unter anderem jene, dass die Vielfalt der Pflanzen eng mit Pilzen im Boden zusammenhängt. Vom ungeheuren Reichtum der Natur profitieren Menschen in vielfacher Weise: Sie ernähren sich von Pflanzen und Tieren, sie schlagen Holz zum Bauen und Verfeuern, tragen Kleider aus Naturfasern, gewinnen Medikamente aus Pflanzen. Darüber hinaus sind sie auf das Funktionieren der natürlichen Ökosysteme angewiesen, die ihrerseits auf der biologischen Vielfalt beruhen. Unser Leben wäre ohne die biologische Vielfalt nicht nur ärmer, sondern völlig unmöglich.

Wer in der Schweiz Pflanzen bestimmen möchte und sicher sein will, dass er jede vorgefundene Art beim Namen nennen kann, muss sich damit abfinden, ein 2 Kilogramm schweres Bestimmungsbuch mit sich herumzutragen. 1614 Seiten waren nötig, um all die 3000 Blüten- und Farnpflanzen in der «Flora Helvetica» zu beschreiben und abzubilden. Würde jemand auf die Idee kommen, eine «Fauna Helvetica» anzufertigen, bräuchte es 13 solcher Bücher. Drei Viertel davon müssten alleine für die Fülle der Insektenarten reserviert werden. Noch schwindelerregendere Dimensionen erreicht die Vielfalt in anderen Regionen der Erde: Terry Erwin von der Smithsonian Institution in der amerikanischen Hauptstadt Washington geht davon aus, dass alleine in den tropischen Regenwäldern 30 Millionen Insektenarten leben. In einer Aufsehen erregenden Studie hat Erwin Anfang der 80er Jahre im Kronendach einer einzigen Baumart 163 auf sie spezialisierte Käferarten entdeckt. Daraufhin stellte er folgende Überlegung an: Wenn jede der schätzungsweise 50 000 tropischen Baumarten ebenfalls 163 auf sie spezialisierte Käferarten beherbergt, ergäbe dies eine Gesamtzahl von über 8 Millionen tropischen, im Kronendach beheimateten Käferarten. Da nach bisherigen Kenntnissen die Käfer etwa 40 Prozent aller Insektenarten ausmachen und etwa doppelt so viele Insekten im tropischen Kronenbereich wie auf dem Boden leben, ergibt sich eine Schätzung von 30 Millionen Insektenarten alleine in den Tropen. Es könnten aber durchaus auch 100 Millionen sein.

Obwohl der Ansatz von Erwin spekulativ ist, zeigt er doch in bedenklichem Ausmass, wie wenig wir über die Vielfalt des Lebens auf der Erde wissen. Es scheint so, als ob wir die biologische Vielfalt nicht einmal auf den Faktor 10 genau kennen. Abgesehen von den gut untersuchten Säugetieren und Vögeln, gilt dies auch für die übrigen Organismengruppen: David Hawksworth vom Internationalen Mykologischen Institut von Kew in Grossbritannien hat die Gesamtzahl der verschiedenen Pilze hochgerechnet und erhielt ein nicht minder überraschendes Ergebnis als Erwin für die Insekten. Als Basis verwendete er die etwa 69 000 bislang beschriebenen Pilzarten. In gut untersuchten Regionen Nordeuropas kommen jeweils sechs Pilzarten auf eine Gefässpflanzenart. Gälte diese Relation überall, müsste es bei 270 000 bisher registrierten Gefässpflanzen

Terry Erwin von der Smithsonian Institution in der amerikanischen Hauptstadt Washington geht davon aus, dass alleine in den tropischen Regenwäldern 30 Millionen Insektenarten leben.

1. Säugetiere
2. Amphibien
3. Bakterien
4. Schwämme
5. Stachelhäuter
6. Reptilien
7. Hohltiere
8. Vögel
9. Ringelwürmer
10. Fadenwürmer
11. Plattwürmer
12. Fische
13. Algen
14. Einzeller
15. Pilze
16. Weichtiere
17. Gliederfüsser ohne Insekten
18. Pflanzen
19. Insekten

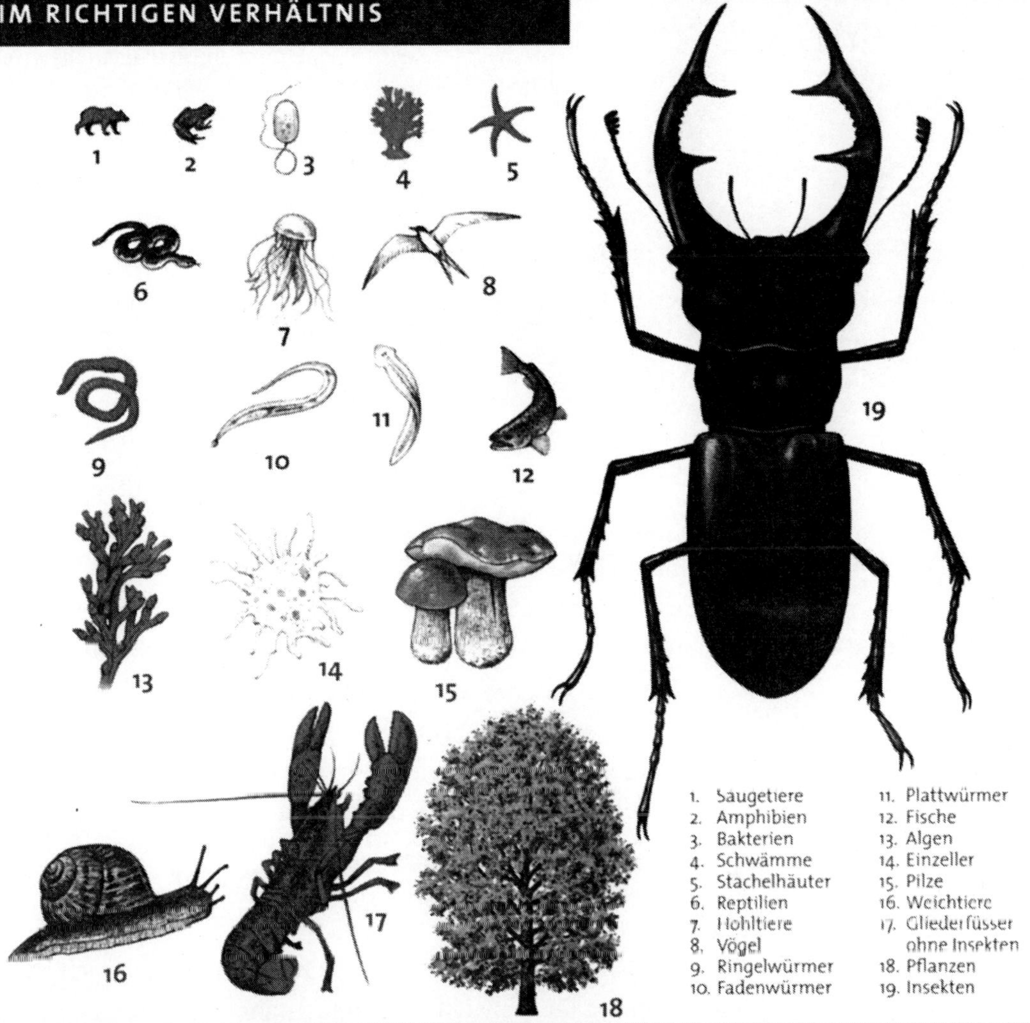

Die Abbildungsgrösse der jeweiligen Organsimengruppe entspricht ihrer Artenzahl. Bei weitem die meisten Arten sind bei den Käfern auszumachen. Die Säugetiere, auch wenn von den Menschen am meisten beachtet, sind hingegen nur eine ganz kleine Gruppe. (Quelle: Dobson 1997)

1,6 Millionen Pilzarten geben – gut zwanzig Mal mehr, als bisher bekannt sind.

Besonders den unauffälligen Arten ist bisher nicht die ihnen gebührende Aufmerksamkeit zuteil geworden. Bodenlebende Milben und Fadenwürmer beispielsweise sind klein und äusserst schwer zu erforschen. Bei sorgfältiger Untersuchung könnte man in dieser Gruppe aber vermutlich Hunderttausende von Arten finden. Auch Bakterien, von denen bisher lediglich 4 000 Arten unterschieden werden, sind kaum erforscht. Norwegische Studien des Erbguts von

Die immergrünen tropischen Regenwälder bedecken nur 7 Prozent der Landoberfläche, beherbergen aber vermutlich mehr als die Hälfte aller Arten. Forschende schätzen die Artenzahl allein bei den Insekten auf 30 Millionen.

Auch bei uns
Auenwälder gehören zu den artenreichsten Ökosystemen Mitteleuropas.

Bakterien deuten aber darauf hin, dass es schon in einem Gramm Erde mehr als 4000 Arten geben könnte.

Zu dieser verwirrenden Artenvielfalt kommt noch hinzu, dass die eigentliche biologische Vielfalt weit mehr ist als eine blosse Ansammlung von Arten. Weitere Komponenten der biologischen Vielfalt sind die genetische Diversität innerhalb einer Art sowie die Vielfalt der Lebensgemeinschaften, der Ökosysteme und der Wechselbeziehungen zwischen all diesen Ebenen. Insbesondere die genetische Vielfalt, die innerhalb einer Art zu verschiedenen Ausprägungen einzelner Individuen führt, ist für den Fortbestand der Arten und das Wohlergehen der Menschheit wichtig. Arten benötigen genetische Diversität, um Krankheiten zu widerstehen und sich an Veränderungen ihrer Umweltbedingungen anpassen zu können. Wir nutzen die genetische Vielfalt von Kulturpflanzen und Haustieren, um die modernen Kulturformen und Haustierrassen auch in Zukunft erhalten zu können. Genetische Vielfalt gibt es bei allen Arten, allerdings in unterschiedlichem Ausmass. Während sie beim Geparden ein gefährlich tiefes Niveau erreicht hat, verfügen andere Arten über ein grosses Reservoir an unterschiedlichen Charakterausprägungen – so zum Beispiel auch viele unserer Nutzpflanzen: Wer glaubt, ein Apfel sei ein Apfel, täuscht sich gewaltig: Alleine in der Schweiz kennt man 700 Sorten lokalen Ursprungs mit zum Teil beachtlichen Unterschieden hinsichtlich der Farbe, des Geschmacks und der Gestalt.

Weshalb gibt es so viele Arten von Lebewesen?

Aufgrund der biochemischen Ähnlichkeit aller Organismen gehen Wissenschafterinnen und Wissenschafter davon aus, dass das Leben auf der Erde nur einmal entstanden ist. Das bedeutet, dass sich all die heute lebenden Millionen von Arten aus einer einzigen, vor mindestens 3,5 Milliarden Jahren entstandenen «Urart» entwickelt haben müssen. Voraussetzung für die Bildung neuer Arten ist in den meisten Fällen die Trennung zusammenhängender Populationen[*] infolge geologischer oder klimatischer Ereignisse. Für viele Arten können Flüsse, Bergketten, Meere oder unwirtliche Klimazonen, die nicht ohne weiteres überwunden werden können, als Barrieren wirken und den Austausch von Individuen und damit genetischem Material zwischen den verschiedenen Populationen verhindern. Während einer solchen Isolation passen sich die einzelnen Populationen aber weiterhin fortlaufend an Veränderungen ihrer jeweiligen Umwelt an. Dabei kann es passieren, dass die beiden Populationen nicht dieselben Umweltbedingungen erfahren: So kann das Nahrungsangebot variieren, unterschiedliche Arten von Räubern machen das Leben schwer oder das Klima ist ein anderes. Dadurch entwickeln sich die getrennten Populationen auseinander manchmal so weit, dass sie, nachdem die Barriere verschwunden ist und sie wieder in Kontakt kommen, keine gemeinsamen Nachkommen mehr zeugen können: Aus einer Art haben sich zwei entwickelt.

Zerstückelungen von Populationen waren in den vergangenen zwei Millionen Jahren weltweit ein häufiges Phänomen, und Wissenschafter gehen davon aus, dass in diesem Zeitraum viele der heute lebenden Arten entstanden sind. Während der Eiszeiten kam es in den Tropen zu einem ständigen Wechsel zwischen trockenem Klima, in dem die Regenwaldgebiete der Erde jeweils in mehrere isolierte Refugien zurückgedrängt wurden, und feuchtem Klima, in dem der Wald und die darin neu entstandenen Arten sich wieder vereinten. Auch in Mitteleuropa führte der stete Wechsel zwischen Vereisung und wärmerer Zwischeneiszeit zur Bildung einer Vielzahl neuer Unterarten und Arten, wie beispielsweise Raben- und Nebelkrähe, Nachtigall und Sprosser oder Garten- und Waldbaumläufer.

[*] Eine Population ist eine Ansammlung von Individuen einer Art, die in ständigem Kontakt miteinander stehen und sich untereinander fortpflanzen.

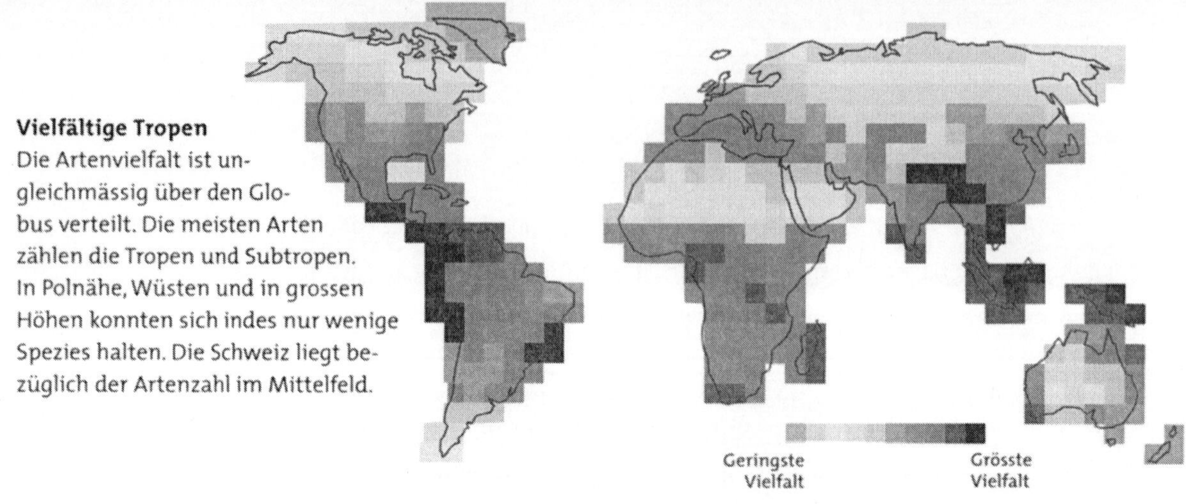

Vielfältige Tropen
Die Artenvielfalt ist un-
gleichmässig über den Glo-
bus verteilt. Die meisten Arten
zählen die Tropen und Subtropen.
In Polnähe, Wüsten und in grossen
Höhen konnten sich indes nur wenige
Spezies halten. Die Schweiz liegt bezüglich der Artenzahl im Mittelfeld.

Hot-Spots der Artenvielfalt

Den grössten Artenreichtum weltweit beherbergen Korallenriffe, grosse tropische Seen, trockene tropische Lebensräume wie Buschland, Grasland und Wüsten, Hartlaubwälder mit mediterranem Klima, wie sie beispielsweise in Südafrika, Südkalifornien und Südwestaustralien vorkommen, vermutlich auch die Tiefsee sowie natürlich die feucht-tropischen Regenwälder. So sammelte Edward Wilson von der amerikanischen Harvard University in einem Schutzgebiet in Peru auf einem einzigen Baum 43 Ameisenarten aus 26 Gattungen – was in etwa der gesamten Ameisenfauna der Britischen Inseln entspricht. Und die legendäre Diversität tropischer Regenwälder ist keineswegs nur auf die Insekten zurückzuführen: Auf Borneo konnten auf zehn Hektaren unberührten Primärregenwaldes 700 Baumarten gezählt werden – genauso viele, wie in ganz Nordamerika vorkommen. Zahlreiche taxonomische Studien aus allen Regenwaldgebieten der Tropen haben gezeigt, dass solche Werte keineswegs ungewöhnlich sind.

Auch wenn Europa und speziell Mitteleuropa kaum mit derartigen Artenansammlungen mithalten kann, gibt es auch hier bemerkenswert vielfältige Lebensgemeinschaften. So finden Fachleute in einem ausgedehnten und relativ gut erhaltenen Auenwald leicht über 1000 Käferarten, 400 bis 500 Grossschmetterlingsarten und gut 150 Vogelarten. Auch bezüglich der Flora stechen solche Ökosysteme an Flussläufen hervor: Über 1500 der 3000 Pflanzenarten der Schweiz konnten in den Auengebieten von nationaler Bedeutung registriert werden.

Biologische Vielfalt in unserer Kulturlandschaft

Im Gegensatz zu den Tropen sind viele artenreiche Lebensgemeinschaften in der Schweiz ein Produkt früherer menschlicher Aktivitäten. So war unser Land zu Beginn der Jungsteinzeit, als die Menschen noch als Jäger und Sammler durch das Land zogen, grösstenteils von Rotbuchen-Mischwäldern bedeckt. Einzig nährstoffarme Moore, grössere Felsvorsprünge, ausgedehnte Steinschutthalden und Lawinenbahnen sowie die Höhen oberhalb der klimatischen Baumgrenze waren waldfrei. Erste markante menschliche Auswirkungen auf die Naturlandschaft zeigten sich vor rund 6000 Jahren, als frühe Bauern nach Mitteleuropa einwanderten. Brandrodung, Holzschlag und Waldweide lichteten zunehmend das Waldkleid. Die grossen Rodungsphasen zur Zeit der Römer und vor allem zwischen dem 9. und 12. Jahrhundert n. Chr. verwandelten Mitteleuropa dann endgültig in eine Kulturlandschaft. Während eine Vielzahl von Tierarten wie Wisent, Braunbär, Wolf, Biber, Waldrapp oder Schwarzstorch dem Kultivierungsprozess zum Opfer fielen, wanderten Hunderte von Arten in die neu entstandene Landschaft ein. Unbewusst hatten die Menschen eine Vielzahl neuer Lebensräume geschaffen, die sich kleinräumig und mosaikartig in die Landschaft einfügten: Äcker, Wiesen, Weiden, Wegränder, Stauteiche, Hecken, Waldränder, Rebberge, Obstgärten, und sogar die bäuerlichen Dörfer boten Arten wie Mauersegler, Rauchschwalbe und Schleiereule Platz.

Weil die damaligen Standortbedingungen auf dem Ackerland annähernd denjenigen des kontinentalen Südosteuropas entsprachen, nutzten viele der dort beheimateten Arten die optimalen Bedingungen und dehnten ihr Verbreitungsgebiet quer über Europa aus. Begünstigt wurde dieser Siegeszug durch die Dreifelderwirtschaft: Während die Bauern in den ersten beiden Jahren Winter- bzw. Sommergetreide – meist Hafer, Roggen oder Dinkel – anbauten, lag das Feld im dritten Jahr brach und wurde als Weide genutzt. Da die Bauern im Laufe des dreijährigen Zyklus nur zweimal flach und lückenhaft pflügten, konnte sich eine reiche Ackerbegleitflora ausbilden.

Eine typische und äusserst vielfältige Wiesengesellschaft bildete die sogenannte Streuwiese, die auf feuchten Standorten sowie auf

Waldlandschaft
Ohne die Menschen wäre die Schweiz grösstenteils von Wald bedeckt.

Vielfältige Kulturlandschaft
Die Bauern haben im Laufe der Geschichte eine strukturreiche Landschaft mit einer Vielzahl neuer Lebenräume geschaffen.

bewässertem Grünland wuchs und erst spät im Jahr geschnitten wurde. Die zu diesem Zeitpunkt bereits strohig gewordene Vegetation dieser Standorte deckte vielerorts den Bedarf an Einstreu in den Ställen. Stroh war in der ersten Hälfte des vorletzten Jahrhunderts Mangelware geworden, nachdem der Getreideanbau hierzulande aufgrund der Einfuhr grosser Mengen billigen Importgetreides mit der Eisenbahn stark zurückgegangen war. Damit stellen Streuwiesen ein Paradebeispiel für die Dynamik der Kulturlandschaft dar, die sich stets gewandelt hat und damit für Tier- und Pflanzenarten immer wieder neue Bedingungen schuf.

Kalkmagerrasen – Perlen der Schweizer Artenvielfalt

Völlig neue Vegetationstypen entstanden auch mit der Einführung der Vieh- und Heuwirtschaft. Je nach Klima, Bodeneigenschaften und Nutzungsintensität bildeten sich zahlreiche Grünlandgesellschaften mit unterschiedlichen Artenzusammensetzungen heraus. Ein Teil der daran beteiligten Arten war ähnlich wie die Ackerbegleitflora aus den gehölzarmen Lebensgemeinschaften des Mittelmeerraumes sowie der eurasiatischen Steppen in die neu entstandenen Lebensräume eingewandert. Da Weiden nur extensiv genutzt und die zur Heugewinnung gemähten und ungedüngten Wiesen nur einmal im Jahr geschnitten wurden, konnten sich hier besonders artenreiche Lebensgemeinschaften entfalten. Unter diesen

Organismengruppe	Anzahl gefundene Arten			Gesamtzahl Arten
	Nenzlingen	Movelier	Vicques	
Gefässpflanzen	111	116	96	143
Spinnen	60	63	66	108
Hornmilben	18	18	18	31
Tausendfüssler	1	4	7	8
Heuschrecken	13	16	10	17
Laufkäfer	19	19	21	38
Schmetterlinge	32	46	40	46
Landschnecken	21	16	15	22

relativ jungen Gemeinschaften üben besonders Magerrasen auf kalkhaltigen Böden meist sonnenexponierter Hanglagen einen grossen Reiz auf Ökologinnen und Ökologen aus. Dazu tragen nicht nur die speziellen standörtlichen Verhältnisse, sondern auch die enorme Artenvielfalt sowie die hohe Zahl seltener und bedrohter Tier- und Pflanzenarten bei.

Durch die zum Teil seit Jahrhunderten betriebene extensive Nutzung – Beweidung oder Heumahd ohne Düngerzugaben – wurden diesen landwirtschaftlichen Randbereichen laufend Nährstoffe entzogen. Typische Standorte sind deshalb durch eine markante Nährstoffarmut gekennzeichnet. Ein weiterer, für das spezielle Artengefüge verantwortlicher Standortfaktor ist die Austrocknung des Bodens in den Sommermonaten. Dies gilt insbesondere für flachgründige und stark besonnte Böden, in denen sich die Wasservorräte rasch erschöpfen. Nur Pflanzen, die an diesen zeitweiligen Mangel angepasst sind, können den Standort besiedeln. Da viele dieser Arten in anderen Wiesentypen nicht konkurrenzfähig sind, begrenzt sich ihr Verbreitungsgebiet in Mitteleuropa auf die Kalkmagerrasen.

Nicht nur das exotische Erscheinungsbild hebt die Kalkmagerrasen von anderen einheimischen Lebensgemeinschaften ab: In kaum einem anderen Ökosystem drängen sich auf kleinstem Raum derart viele Pflanzenarten. Auf der Nenzlinger Weide im Kanton Basel-Landschaft zählten Christine Huovinen-Hufschmid und Christian Körner (1998) in 48 jeweils 4 Quadratdezimeter grossen Teilflächen durchschnittlich 25 Pflanzenarten. In einer Teilfläche fanden sie gar 34 Arten vor – ein selbst für Kalkmagerrasen rekordverdächtiger Wert. Da auf der gesamten Weide 111 Arten festgestellt

wurden (Bruno Baur und andere 1996), beherbergte demnach eine der winzigen Teilflächen bereits fast ein Drittel aller auf diesem Standort vorkommenden Pflanzenarten. Wie die Tabelle auf der vorigen Seite zeigt, entwickeln auch verschiedene Tiergruppen in den Magerwiesen einen grossen Artenreichtum. Bemerkenswert ist auch der Vergleich zwischen den von Bruno Baur und anderen (1996) aufgenommenen Artenlisten dreier Standorte im Schweizer Jura: Viele Arten konnten nur an einem einzigen Standort registriert werden, weshalb aus Sicht des Naturschutzes versucht werden muss, möglichst viele der verbliebenen Magerwiesenfragmente zu erhalten.

Wie ist es möglich, dass derart viele Arten auf einem so kleinen Raum koexistieren, wo doch theoretisch die am besten an den Standort angepasste und damit konkurrenzstärkste Art alle anderen aus der Gemeinschaft verdrängen sollte? Feldbeobachtungen und Experimente in Kalkmagerrasen weisen bei Pflanzen darauf hin, dass einzelne Arten verschiedene Mikrostandorte besetzen und somit zum Teil gar nicht in Konkurrenz zueinander stehen. Wie wichtig solche Mikrostandorte für die Anzahl der Arten einer Pflanzengesellschaft sind, hat auch ein Vergleich von 46 extensiven Weiden und 26 Heuwiesen durch Martin Schläpfer, Heinrich Zoller und Christian Körner (1998) gezeigt: Weiden waren mit durchschnittlich 56 Arten gegenüber 46 Arten auf Heuwiesen deutlich artenreicher, was auf die grössere räumliche Vielgestaltigkeit der Weiden zurückzuführen ist: Die Hufe der Rinder verursachen Lücken in der Pflanzengemeinschaft sowie treppenartige Strukturen parallel zum Hang, die Kuhfladen führen zu einem Mosaik aus gedüngten und ungedüngten Stellen auf der Weide, und infolge der geringen Bestockungsdichte wird ein Teil der Vegetation nicht abgefressen. All dies erhöht die Anzahl der Mikrostandorte und verhindert die Dominanz einiger weniger Arten.

Neben den Mikrostandorten spielen auch dynamische Faktoren eine Rolle. Experimentelle Untersuchungen haben ergeben, dass verschiedene Arten von Kalkmagerrasen verschiedene Wasserbilanzen aufweisen. Dies erklärt die Schwankungen der Häufigkeit von Arten innerhalb einer Vegetationseinheit: Die von Jahr zu Jahr schwankende Temperatur- und Niederschlagsverteilung in Mitteleuropa führt dazu, dass sich die Konkurrenzbedingungen zwischen den Arten laufend verändern. In trockenen Jahren gewinnen die an

Wassermangel angepassten Arten an Boden, während in feuchteren Jahren solche mit hohen Wasseransprüchen zunehmen werden. Damit ist es nur wenigen Arten möglich, grössere Bestände auszubilden.

Allerdings ergibt das bisherige Wissen über die Koexistenz derart vieler Pflanzenarten noch kein befriedigendes Gesamtbild. Auf der Suche nach weiteren Mechanismen haben daher Marcel van der Heijden und andere (1998) die Beziehung von Pflanzen und von im Erdreich lebenden Pilzen untersucht. Dieses Vorgehen lag auf der Hand, denn rund 80 Prozent aller Landpflanzen leben in einer symbiontischen Beziehung mit Wurzelpilzen. Während diese den Pflanzen wichtige mineralische Nährstoffe liefern, stellen die Pflanzen den nicht zur Fotosynthese fähigen Pilzen die lebensnotwendigen Kohlenhydrate zur Verfügung.

Mit Hilfe von Experimenten im Gewächshaus versuchten die Forscher die Bedeutung dieser Pilze für die biologische Vielfalt in Magerwiesen zu untersuchen. Dazu wurde kalkreiche Erde, wie sie für viele Magerwiesen Mitteleuropas typisch ist, sterilisiert und anschliessend künstlich mit verschiedenen Pilzarten beimpft, die aus einer Magerwiese im Jura isoliert worden waren. Von insgesamt 11 für Magerwiesen typische Pflanzenarten wurde das Wachstum unter dem Einfluss verschiedener Wuzelpilze untersucht. Dabei zeigte sich, dass acht Pflanzenarten vollständig auf die Anwesenheit mindestens einer Wurzelpilzart angewiesen sind. Je mehr unterirdische Symbiosepartner im Boden vertreten waren, desto artenreicher wurde der Pflanzenbestand. Besonders empfindlich reagierten dabei Pflanzenarten, die eher selten in der Natur anzutreffen sind. Lediglich dominante Arten wie die Aufrechte Trespe, ein Gras, zeigten sich von der Wurzelpilzvielfalt unbeeindruckt und wuchsen auch ohne Symbiosepartner ausgezeichnet.

Da die eher seltenen Arten aber den Grossteil der biologischen Vielfalt in den meisten Ökosystemen ausmachen, liegt die Vermutung nahe, dass die Wurzelpilzvielfalt einen grossen Einfluss auf die Vielfalt der Pflanzenarten innerhalb von Lebensgemeinschaften ausübt. Um diese Hypothese zu überprüfen, haben die Forschenden des Biodiversitätsprojektes bei einem Freilandexperiment in Nordamerika einzelne Parzellen mit 1, 2, 4, 8 bzw. 14 Wurzelpilzarten beimpft und anschliessend mit Samen von 15 Pflanzenarten bestreut (Marcel van der Heijden und andere 1998). Tatsächlich fan-

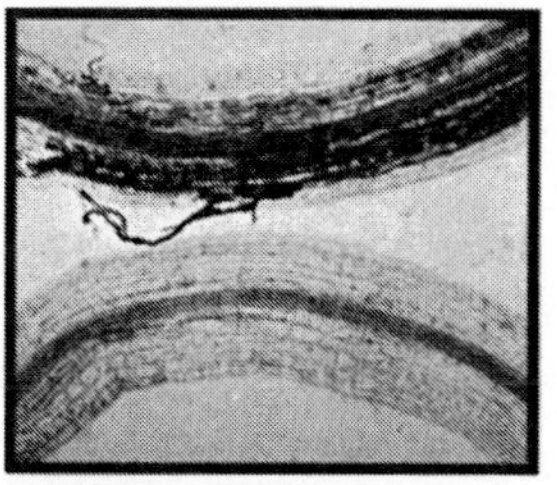

Zwiebelwurzel mit (oben) und ohne Wurzelpilz
Die Pflanze vergrössert mit Hilfe des Pilzes die Kontaktfläche mit dem Boden um das Mehrfache.

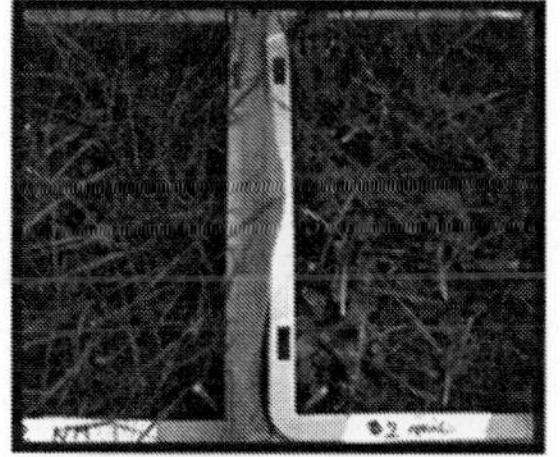

Künstlich angelegte Beete als Mikrokosmen
Links und rechts wurde dieselbe Samenmischung angesät. Allerdings wurde die Erde des rechten Beetes mit Wurzelpilzen beimpft. Die unterschiedliche Entwicklung der Pflanzengemeinschaften ist offensichtlich.

den sie nach einiger Zeit die grösste Biodiversität stets auf jenen Flächen, auf denen 8 oder 14 Wurzelpilzarten vorhanden waren.

Dass die Wurzelpilze einen derart grossen Einfluss auf die Vielfalt von Pflanzenarten haben, hatten die Forschenden nicht erwartet. Um so bedenklicher stimmt daher der Befund von Wissenschaftern aus Grossbritannien: Diese fanden heraus, dass in Mais-, Erbsen- und Weizenfeldern im Vergleich zu natürlichen Ökosystemen ungewöhnlich wenige Wurzelpilzarten registriert werden können. Dies ist in erster Linie auf das häufige Pflügen, die Überdüngung der Böden sowie das Versprühen von Pflanzenschutzmitteln zurückzuführen. Es steht zu befürchten, dass diese Situation zum Teil dafür verantwortlich ist, dass viele ökologische Ausgleichsflächen (siehe Seite 107) nur wenig an biologischer Vielfalt zulegen können. Damit die für die Erhaltung der Biodiversität notwendigen Flächen ihren Zweck erfüllen können, müssen die entsprechenden Wurzelpilze in den Boden eingebracht werden – eine Tatsache, der heute noch viel zu wenig Beachtung geschenkt wird.

Was kümmert uns die biologische Vielfalt?

In der Schweiz lebt ein Grossteil der Bevölkerung in städtischen Ballungsräumen. Wir ernähren uns von Tiefkühlpizza und eingeschweisster Wurst, hüllen uns in Goretex-Jacken, drehen, wenn's kühl wird, die Zentralheizung auf und kurieren uns mit Medikamenten, auf denen synthetisch klingende Namen prangen. Kein Wunder, haben wir das Gefühl dafür verloren, wie total wir eigentlich von der natürlichen Vielfalt dieses Planeten abhängen.

Bei der Nahrung ist der Wert der Natur noch offensichtlich: Ein Grossteil unserer Nahrung stammt von Äckern, Weiden und aus Ställen. Von gezüchteten Lebewesen, die in der Landwirtschaft gepflanzt und aufgezogen, gedüngt und gefüttert und vor Krankheiten geschützt werden. Diese Nutzpflanzen und -tiere bilden ebenso einen Teil der biologischen Vielfalt wie die wilden Verwandten. Allerdings müssen sie mit weniger hochgezüchteten oder natürlichen Verwandten immer wieder zurückgekreuzt werden, damit sie ihre hervorragenden Eigenschaften erhalten oder noch verbessern können. Die Menschen haben im Verlaufe ihrer Geschichte etwa 7000 Pflanzenarten als Nahrung genutzt, und wei-

Weizenfeld
Heute werden 150 Nutzpflanzenarten im grossen Stil kultivert, nur ganz wenige davon, darunter der Weizen, stellen die Haupternährung der Menschheit sicher.

Blumenwiese
Vielfalt macht die
Schönheit der Natur aus.

tere 70 000 Arten haben essbare Teile. Jedoch nur rund 150 Nutzpflanzenarten wurden bislang im grossen Massstab kultiviert. Heute
erbringen ein paar wenige Standarten wie Reis, Mais oder Weizen einen Grossteil der Welternte. Die Natur könnte indes noch
wertvolle Nahrungsmittel enthalten, die wir bislang noch nicht kennen.

Aber auch natürliche Ökosysteme werfen einen grossen Ertrag
ab. Der jährliche weltweite Meerfischfangertrag beispielsweise be-
läuft sich auf 70 bis 150 Milliarden Franken. Fische sind auf unserem Planeten die wichtigste tierische Eiweissquelle. Auf dem Festland spielt der Fischfang in Süssgewässern sowie die Jagd eine
ebenso grosse Rolle. Das gleiche gilt für die Vegetation, aus der die
Menschen Holz, Fasern, Früchte, Nüsse sowie medizinische Wirkstoffe gewinnen.

Einer US-amerikanischen Studie zufolge gehen von den 150 am
meisten verschriebenen Medikamenten 118 auf natürliche Quellen
zurück: 74 % davon auf Pflanzen, 18 % auf Pilze, 5 % auf Bakterien
und 3 % auf eine Schlangenart. Neun der zehn meistverkauften Medikamente basieren auf pflanzlichen Rohstoffen – und dies in einem
Land, wo die moderne Schulmedizin vorherrscht. Weltweit gesehen ist der Beitrag der natürlichen Wirkstoffe noch viel grösser: Vier

Klima

Das Klima spielt eine wichtige Rolle bei der Entstehung des Lebens und in der Evolution, weil es direkt auf die Lebewesen wirkt. Die meisten Wissenschafter stimmen darin überein, dass umgekehrt auch das Leben selbst das Klima beeinflusst, indem zum Beispiel Pflanzen Treibhausgase aus der Atmosphäre entfernen. Mikroorganismen können eine Erwärmung zusätzlich beschleunigen, indem sie organisches Material bei wärmeren Temperaturen schneller zersetzen. Diese Beziehungen sind allerdings noch nicht ausreichend erforscht. Es ist aber offensichtlich, dass das Klima und die natürlichen Ökosysteme eng miteinander gekoppelt sind. Die Stabilität dieses gemeinsamen Kreislaufes ist eine wichtige Ökosystem-Dienstleistung. Neben diesen Effekten auf die gesamte Atmosphäre nehmen Ökosysteme ganz direkten Einfluss auf das regionale und lokale Klima. Pflanzenblätter verdunsten Wasser und bringen dadurch viel Feuchtigkeit in die Atmosphäre. Zudem senken sie so die Temperaturen am Boden.

Wasserhaushalt

Durchschnittlich treffen jährlich 100 Zentimeter Regen auf die Landoberfläche. Pflanzen und Pflanzenreste schützen den Boden vor der zerstörerischen Gewalt der Regentropfen. Auf nackten Flächen verdichten Niederschläge die Erde und machen daraus eine Schlammbrühe, die oberflächlich abfliesst und viele Nährstoffe mitreisst. Diese Erosion schwächt nicht nur die Böden, sondern beeinträchtigt auch massiv die Gewässer. Schlechte Wasserqualität, verstopfte Wasserfassungen und verschlammte Wasserwege sind die Folgen.

Pflanzen verhindern jedoch nicht bloss Erosion, sie wirken auch als gigantische Pumpe, die das gefallene Wasser aus dem Boden in die Atmosphäre zurückhieven. Wird die Vegetationsdecke zerstört, fliessen die Niederschläge viel schneller oberflächlich ab, wodurch die Flüsse und Bäche über die Ufer treten können. In der Schweiz wurde dieser Effekt Ende letzten Jahrhunderts erkannt, als die Bergwälder massiv abgeholzt wurden. Überschwemmungen häuften sich, weshalb ein sehr strenges Waldgesetz erlassen wurde.

Bodenfruchtbarkeit

Böden erfüllen zahlreiche Funktionen: Sie geben den Pflanzen Halt und speichern Nährstoffe. Der Boden und seine vielfältigen Lebewesen spielen auch eine zentrale Rolle beim Abbau von toten Pflanzen und Tieren sowie von menschlichen Schadstoffen und Abfällen. Wie an einem umgekehrten Fliessband zersetzen unterschiedlichste Mikroorganismen nacheinander organische Verbindungen immer mehr in ihre Einzelteile. Tierreste und Pflanzenbestandteile, aber auch Industriechemikalien, Öle und Schadstoffe werden so Schritt für Schritt unschädlich und für die Pflanzen wieder verfügbar gemacht. Dadurch bleiben Nährstoffe im Boden. Der Boden bleibt fruchtbar.

Schliesslich sind Böden der Schlüsselfaktor der grossen Kreisläufe der Elemente Kohlenstoff, Stickstoff und Schwefel. So enthält der Boden etwa doppelt soviel Kohlenstoff wie die Pflanzen, und sogar 18-mal soviel Stickstoff. Störungen in diesen Kreisläufen könnten fatale Folgen haben. Erhöhte Kohlenstoffflüsse in die Atmosphäre, etwa bei Umwandlung von Wald und Feuchtgebieten in Landwirtschaftsland, setzen neue Treibhausgase frei: Kohlendioxid und Methan. Veränderte Stickstoffkreisläufe, etwa durch übermässige Düngung, setzen Stickoxide frei, die ebenfalls den Teibhauseffekt verstärken und am Abbau der stratosphärischen Ozonschicht mitbeteiligt sind.

Blütenbestäubung

Ungefähr 220 000 der weltweit schätzungsweise 240 000 Blütenpflanzen benötigen Tiere, um sich zu vermehren. Dies betrifft nicht nur Wildpflanzen, sondern auch rund 70 Prozent der Nutzpflanzen, die die Weltbevölkerung ernähren. Über 100 000 verschiedene Tierarten wie Vögel, Fledermäuse, Schmetterlinge, Fliegen und Bienen erfüllen ihren kostenlosen «Bestäubungsdienst» in der Wildnis, auf unseren Feldern, Gärten und Weiden. Ein Drittel unserer Nahrungsmittel basiert auf Pflanzen, die von wildlebenden Tieren bestäubt werden. Ohne die natürliche Bestäubung würden die Ernten massiv zurückgehen, und viele wilde Pflanzen würden aussterben. Allein in den USA beziffert sich der landwirtschaftliche Wert der bestäubenden Tiere auf mehrere Milliarden Dollar pro Jahr.

Schädlingsbekämpfung

Pflanzenkrankheiten und Schädlinge, darunter Nagetiere, Insekten, Würmer, Pilze und Viren, zerstören jährlich etwa 25 bis 50 Prozent der potenziellen Welternte. Auf den Feldern konkurrieren unerwünschte Wildpflanzen («Unkräuter») mit den Nutzpflanzen um Licht, Wasser und Nährstoffe und reduzieren die Ernte. Glücklicherweise werden jedoch schätzungsweise 99 Prozent aller Schädlinge von natürlichen Feinden in Schach gehalten, von Vögeln, Spinnen, parasitischen Wespen und Fliegen, Pilzen und einer Vielzahl anderer Lebensformen. Diese natürliche Schädlingskontrolle erspart den Bauern Milliardenbeträge, indem sie die Nutzpflanzen schützt und damit weniger chemische Schädlingsbekämpfung nötig macht. Fatalerweise reagieren ausgerechnet die natürlichen Nützlinge empfindlicher auf chemische Gifte als die Schädlinge. Werden diese durch ein Spritzmittel ausgelöscht, können sich Schädlinge, oftmals resistent geworden, ungehemmt vermehren.

Samenverbreitung

Viele Pflanzenarten verbreiten sich über den Wind oder über das Wasser. Manche Gewächse schicken ihre Samen aber auch mit Tieren auf die Reise. Diese Samen sind oft von süssen Fruchthüllen umschlossen, damit die Tiere sie mitnehmen. Manche Samen müssen sogar den Darm eines Säugetieres oder eines Vogels passieren, damit sie keimen können. Einige verfügen über Häckchen und Klebstoffe, um von Tieren im Fell herumgetragen zu werden. Ohne diese Hilfe von Tieren könnten sich Tausende von Pflanzenarten nicht ausbreiten. Manche sind sogar auf eine ganz bestimmte Art angewiesen.

Fünftel der Weltbevölkerung hängen von der traditionellen Medizin ab, die zu 85 Prozent auf pflanzlichen Extrakten basiert.

Der Nutzen der Biodiversität erschöpft sich jedoch längst nicht in den Produkten jener Arten, die einen handelbaren Wert aufweisen. Die Vielfalt macht auch die Schönheit der Natur aus, die für viele Menschen eine Quelle der Freude, Inspiration und Erholung ist. Dies zeigt sich unter anderem in der Kunst, in den Religionen und in den Traditionen zahlreicher Kulturen, aber auch in Aktivitäten wie dem Naturtourismus. Es steht sogar zu vermuten, dass sich menschliche Wesen nur dann gesund entfalten können, wenn sie in einer vielfältigen Umgebung aufwachsen. Und schliesslich äussert sich die biologische Diversität auch in natürlichen Ökosystemen, die sie bildet und aufrecht erhält. Die Arten halten in ihren Lebensgemeinschaften und in ihrer Vielfalt die Ökosysteme im Gleichgewicht. Diese Ökosysteme erbringen uns kostenlos zahlreiche und unverzichtbare Dienste (siehe Kasten auf voriger Doppelseite).

Dass es praktisch unmöglich ist, Ökosystem-Dienstleistungen nachzubauen, zeigt das Experiment «Biosphäre 2», bei dem sich acht Personen zusammen mit rund 4000 Tier- und Pflanzenarten für zwei Jahre in einer Kuppel einschlossen, die etwa so gross war wie ein Fussballfeld. Diese künstliche Welt enthielt Ackerflächen und zahlreiche Ersatzökosysteme wie einen kleinen Wald und sogar einen Mini-Ozean. Obwohl dieses Experiment in Kalifornien mehr als 200 Millionen Dollar kostete, gelang es den 8 Versuchspersonen nicht, sich unabhängig von der Aussenwelt zu versorgen. Die Sauerstoffkonzentration sackte zusammen, Kohlendioxidwerte schwankten heftig, Stickoxide reicherten sich in der künstlichen Atmosphäre an. Viele der eingeschleusten Tiere starben, manche Pflanzen überwucherten die anderen, Ameisen und Schaben vermehrten sich massenhaft. Trotz enormen Einsatz gelang es den Biosphärianern nicht, das künstliche System lebensfähig zu machen.

«Biosphäre 2» in Kalifornien
Im Experiment haben amerikanische Forscher versucht, eine künstliche Welt aufzubauen – erfolglos.

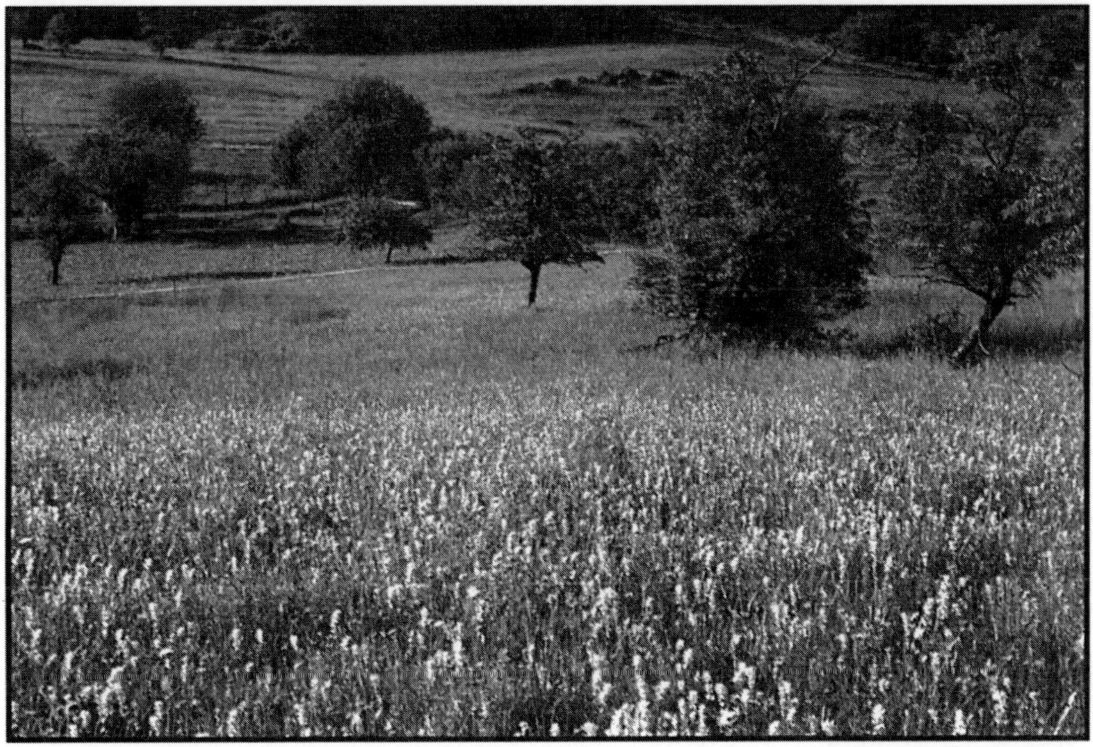

Artenreiche Lebensgemeinschaften
Nicht nur schön anzuschauen, sondern auch ein Produktivitätsfaktor.

Biodiversität macht die Welt stabil

Alle Ökosysteme dieser Erde basieren auf der biologischen Vielfalt. Doch was passiert, wenn ein Ökosystem verarmt? In einer schriftlichen Befragung stellten Felix Schläpfer und andere (1999) einer Reihe von Forschenden, darunter weltweit führenden Wissenschaftern, die Frage, welchen Einfluss die Biodiversität auf die Ökosystemfunktionen habe. Die 39 antwortenden Experten waren der Meinung, dass die Rate von Ökosystem-Prozessen mit der Biodiversität zusammenhängt und mit unterschiedlichem Gewicht auf die Dienstleistungen der Ökosysteme einwirken.

Die Biodiversität ist eine Art «Versicherung», die das Ökosystem vor Katastrophen schützt.

Die meisten Forschenden sind der Ansicht, dass vielfältigere Ökosysteme produktiver sind als artenärmere. Eine Erklärung dafür könnte darin liegen, dass artenreichere Lebensgemeinschaften die Ressourcen besser verwerten als artenarme. Zum Beispiel strecken unterschiedliche Gewächse ihre Wurzeln in verschiedene Bodentiefen. Je vielfältiger die Vegetation ist, desto besser kann sie daher Nährstoffe im Boden ausnutzen. Auf diese Weise werden Lichtenergie, Wasser und Nährstoffe in vielfältigen Systemen besser im Kreislauf gehalten, wobei jede noch so kleine Nische von einer spezialisierten Art ausgenutzt wird.

Ausserdem scheint Biodiversität die Stabilität von Ökosystemen zu verbessern. Nehmen wir einmal an, wir hätten zwei Pflanzenarten, die miteinander in Konkurrenz stehen. Nehmen wir weiter an, die eine Art würde sehr empfindlich auf eine Pilzkrankheit reagieren, wohingegen die andere völlig unempfindlich dagegen sei. Was passiert, wenn die Krankheit sich in unserem Gebiet ausbreitet? Die empfindliche Art würde praktisch auf Null reduziert und die andere wäre überhaupt nicht betroffen. Die resistente Art könnte schliesslich den Platz der empfindlichen Pflanze einnehmen und an ihrer Stelle grösser werden. Sie könnte also den Verlust kompensieren. Auch wenn natürliche Systeme viel komplexer aufgebaut sind, scheint die Biodiversität nach diesem Prinzip eine Art «Versicherung» darzustellen, die das Ökosystem vor Katastrophen schützt.

Doch trotz einiger Studien und theoretischer Erklärungsmodelle zum Effekt der Biodiversität auf die Funktion von Ökosystemen gibt es wohl keine generelle Antwort darauf, wie sich eine Reduktion der Biodiversität auf Ökosysteme auswirkt. Es scheint so, dass die Antwort je nach untersuchtem System anders ausfällt. Felix Schläpfer und Bernhard Schmid (1999) haben deshalb in einer Literaturübersicht die bislang rund 100 Untersuchungen zum Thema analysiert. Dabei haben sie erstmals die Resultate in einen Raster eingeordnet, der ökologische Kriterien berücksichtigt, die von der Änderung der Biodiversität betroffen sind. Zudem bezogen die Forschenden Ursache-Wirkungsbeziehungen im Nahrungsnetz mit ein.

Im Vergleich zu den zahlreichen Ökosystem-Variablen und den möglichen Kombinationen erscheinen die bisherigen Studien eher dürftig an der Zahl. Und selbst wenn eine bestimmte Frage mehrmals untersucht wurde, unterschieden sich die experimentellen Bedingungen so sehr, dass sich die Resultate nur bedingt vergleichen lassen. Dennoch stellten Felix Schläpfer und Bernhard Schmid fest, dass rund die Hälfte der bislang 100 Untersuchungen einen positiven Zusammenhang aufzeigen. Allerdings konnten sie in vielen Fällen auch keinen klaren Zusammenhang ermitteln und bei einzelnen gar einen negativen. Weil aber das Pflanzenwachstum die Ökosystemleistungen weitgehend bestimmt und durch Artenvielfalt fast immer erhöht wurde, schliessen die Forscher, dass insgesamt und über längere Zeiträume betrachtet die Biodiversität einen positiven Einfluss auf die Ökosystemleistungen ausübt.

Am deutlichsten zeigen sich solche Effekte im Grasland. Im Rahmen des EU-Forschungsprogrammes «BIODEPTH» haben Forschende aus mehreren europäischen Ländern untersucht, wie sich die Artenzahl auf einer Wiese auf die Produktivität auswirkt (Hector und andere 1999). In ihrem Experiment hielten sie die Artenzahl auf Versuchsflächen konstant auf jeweils 32, 16, 8, 4, 2 oder 1 Art(en). Resultat: Jede Halbierung der Artenvielfalt reduziert den geernteten Heuertrag (getrocknete Pflanzenbiomasse) um 80 Gramm pro Quadratmeter. Die Reduktion ist stärker, wenn besonders unterschiedliche funktionelle Gruppen wegfallen, zum Beispiel die Stickstoff fixierenden Kleearten. Einzelarten haben dagegen einen relativ geringen Effekt.

Diese Befunde passen in die neuesten Theorien der Förderung Ökosystem-Produktivität und -Stabilität durch Artenvielfalt. Ein vielfältiges Ökosystem vermag Nährstoffe, Wasser und Licht besser auszunutzen und dadurch mehr Masse zuzulegen. Überdies gibt es in vielfältigen Ökosystemen eine gewisse Pufferungskapazität, die es vor Ausfällen schützt. Die Biodiversität sorgt also dafür, dass das System zunächst wenig auf Störungen reagiert. Allerdings lässt sich nicht voraussagen, welche Arten und Rassen ersetzbar sind und welche nicht. Erst wenn die Vielfalt eines Systems massiv reduziert ist, ganze funktionelle Gruppen ausfallen oder bestimmte Schlüsselarten verschwinden, droht das System zusammenzubrechen. Leider wissen Ökologinnen und Ökologen bislang noch sehr wenig darüber, wann dieser Punkt des Umkippens erreicht ist.

Die Bedrohung

ünf Massenaussterben hat es in der Erdgeschichte gegeben; das letzte vor rund 65 Millionen Jahren, als die Saurier von unserem Planeten verschwanden. Viele Millionen Jahre hat es jeweils gedauert, bis sich die Natur wieder erholt hatte. Heute befinden wir uns mitten im sechsten Massensterben. Geht der Raubbau des Menschen an der Natur im bisherigen Masse weiter, werden wir Ende dieses Jahrhunderts möglicherweise die Hälfte der natürlichen Vielfalt unseres Planeten verloren haben. Global gesehen wirkt sich die Abholzung der tropischen Regenwälder am fatalsten aus. Aber auch in der Schweiz ist die Situation alarmierend: In unserem dicht besiedelten Land sind mehr Tiere und Pflanzen gefährdet als in vielen anderen vergleichbaren Ländern. Ihnen fehlen naturnahe Lebenräume, wo sie sich auf Dauer erhalten könnten.

Das sechste Massenaussterben

Die heute lebenden Tier- und Pflanzenarten machen nur etwa 2–4 Prozent der Spezies aus, die jemals auf der Erde gelebt haben. Das Aussterben einer Art ist demnach ein fast ebenso häufiges Ereignis in der Erdgeschichte wie das Erscheinen einer neuen. In der Vergangenheit gab es denn auch mindestens fünf Massenaussterben, bei denen die Aussterberaten ein sehr hohes Mass erreichten. Ein besonders verheerendes historisches Artensterben fand vor rund 250 Millionen Jahren statt. Schätzungen zufolge starben damals 63 Prozent der Tierfamilien auf dem Festland aus. Zwischen 77 und 96 Prozent aller Tierarten verschwanden aus dem Meer. Wahrscheinlich verursachte eine massive Störung wie beispielsweise eine grosse Anzahl von Vulkanausbrüchen oder der Einschlag eines Asteroiden eine dramatische Veränderung des Weltklimas, die viele Arten nicht verkraften konnten.

Heute befinden wir uns mitten im sechsten Massensterben – im schlimmsten, das die Erde je erlebt hat. Doch im Unterschied zu den früheren Aussterbeereignissen ist diesmal eine Art selbst dafür verantwortlich, nämlich wir Menschen, die wir uns unaufhaltsam bis in die letzten Gebiete vordrängen. Der Verlust der natürlichen Vielfalt geht dabei rasend schnell vor sich. Seit dem Jahr 1600 n. Chr. sind weltweit nachweislich 113 Vogel- und 83 Säugetierarten unwiederbringlich verschwunden. Von vielen niedrigeren Tier- und Pflanzenarten kennt man keine genauen Zahlen – man hat ja noch nicht einmal alle entdeckt. Wissenschafterinnen und Wissenschafter schätzen, dass heute zwischen 10 000 und 25 000 Arten jährlich aussterben, das entspricht 1–3 Spezies pro Stunde. Die Arten sterben gegenwärtig tausendmal schneller aus als jemals zuvor. Die derzeitige Aussterberate übersteigt die natürliche Artenbildungsrate um einen Faktor von rund einer Million. Am schnellsten schwinden die Arten in den Tropen, wo die Artenvielfalt am grössten ist. Dau-

Entwicklung der Artenvielfalt
Im Laufe der Geschichte gab es fünf Massenausterben – aber keines verlief so dramatisch wie das sechste, das wir Menschen verursachen. (Quelle: Life counts)

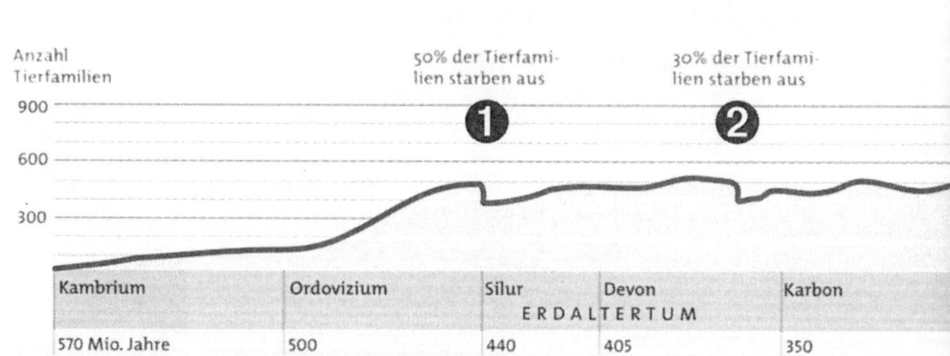

ert das Sterben an – und nichts deutet darauf hin, dass es sich verlangsamt, im Gegenteil! – wird das zu einem Artenverlust von noch nie dagewesenen Ausmassen führen, einem Kollaps, der alle aus Fossilbelegen dokumentierten Massenaussterben bei weitem übertrifft. Einige Forschende befürchten gar, dass wir bis zum Ende dieses Jahrhunderts die Hälfte der Biodiversität verloren haben werden.

Die Gründe für das gegenwärtige Massensterben liegen in der ständig steigenden Beanspruchung natürlicher Ressourcen durch den Menschen. Ein Zehntel aller je geborenen Menschen leben zur Zeit auf unserem Planeten. Sie beanspruchen direkt oder indirekt etwa die Hälfte der gesamten weltweiten pflanzlichen Primärproduktion. Früher wurden die Arten oft direkt ausgerottet, etwa durch hemmungslose Bejagung. Ebenso verschwanden durch Ausbreitung von Krankheiten und aggressiven exotischen Arten viele Pflanzen und Tierarten, insbesondere auf Inseln und neu entdeckten Kontinenten. Heute werden die Arten schleichend ausgerottet, es wird ihnen die Lebensgrundlage entzogen. Die Menschen zerstören und verändern die natürlichen Lebensräume der Pflanzen und Tiere in einem atemberaubenden Tempo. Menschen verschmutzen die Umwelt und verändern das Klima. Es gibt heute kaum einen Winkel mehr auf diesem Planeten, der nicht vom Homo sapiens in Beschlag genommen wäre.

Die grösste Gefahr für den biologischen Reichtum der Erde ist die fortschreitende Vernichtung der tropischen Regenwälder. Diese Wälder bedecken zwar bloss etwa 7 Prozent der Erdoberfläche, enthalten aber vermutlich mehr als die Hälfte aller Arten. Hauptursachen für die Abholzung des Regenwalds sind die Holzproduktion, die Gewinnung von Viehweiden oder Plantagen und der Wanderfeldbau. Zunehmende Gefahren für die natürlichen Lebensbedingungen drohen ausserdem durch globale Umweltveränderungen wie den Anstieg der Kohlendioxidkonzentration in der

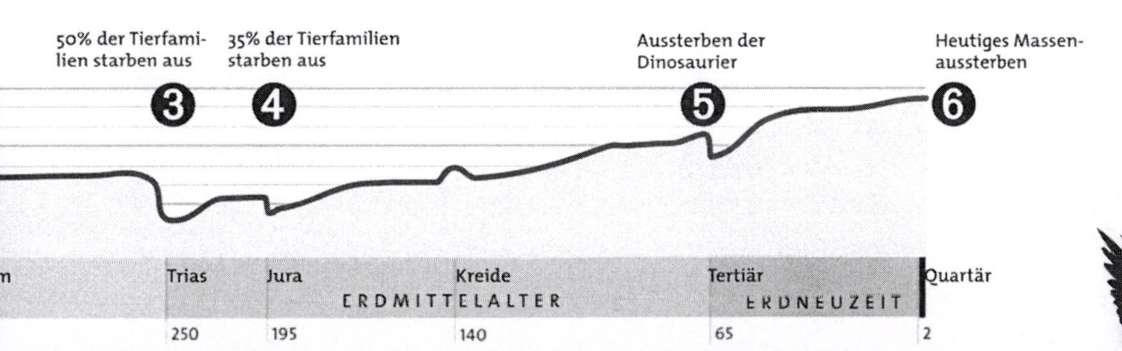

m Laufe dieses Jahrhunderts wird es mit grosser Wahrscheinlichkeit zu einem globalen Klimawandel kommen. Ursache sind in erster Linie die grossen Mengen an Kohlendioxid, die durch die Nutzung fossiler Brennstoffe wie Erdöl, Kohle und Erdgas in die Atmosphäre gelangen. Das Kohlendioxid in der Atmosphäre hält nämlich zusammen mit anderen Spurengasen und Wasserdampf die von der Erde abgestrahlte Wärme zurück. Da das Kohlendioxid ähnlich wie das Glas eines Treibhauses wirkt, wird es auch als Treibhausgas bezeichnet. Zwar ermöglicht erst dieser Treibhauseffekt das Leben auf der Erde – ohne ihn würden die Temperaturen der Erdoberfläche dramatisch absinken. Die durch menschliche Aktivitäten verursachte Erhöhung der Kohlendioxidkonzentration sorgt aber dafür, dass unser Klima sich über das natürliche Mass erwärmt.

Die verfügbaren Daten deuten darauf hin, dass die Durchschnittstemperatur auf der Erde während der vergangenen 100 Jahre bereits um bis 0,8 Grad Celsius gestiegen ist. Und Klimatologen befürchten, dass sich die Temperaturen in den kommenden 100 Jahren nochmals um etwa zwei Grad Celsius erhöhen werden. Theoretische Modelle gehen daher davon aus, dass Ökosysteme unserer Breitengrade bis ins Jahr 2100 zwischen 500 und 1000 Kilometer nordwärts «wandern» müssen, um diesen erwarteten Temperaturanstieg auszugleichen. Und dieses Szenario scheint langsam reale Züge anzunehmen: Britische Wissenschafter haben herausgefunden, dass Arealverschiebungen bestimmter Tiergruppen in Richtung der Pole bereits in vollem Gang sind: Ein Vergleich von Verbreitungskarten von über 100 Vogelarten Grossbritanniens aus dem Jahr 1976 mit denen des Jahres 1993 offenbarte, dass sich die Verbreitungsgebiete vieler Vogelarten in einem Zeitraum von weniger als 20 Jahren durchschnittlich um fast 19 Kilometer nach Norden verschoben haben.

Atmosphäre. Klimatologen prognostizieren aufgrund des steigenden Kohlendioxidgehalts eine Erwärmung der mittleren Erdtemperatur um etwa 2 Grad bis Ende dieses Jahrhunderts. Dadurch finden sich viele Organismen unversehens in einem Klima wieder, an das sie nicht angepasst sind (siehe Kasten oben). Forschende des Biodiversitätsprojektes haben überdies festgestellt, dass der erhöhte Kohlendioxidgehalt das Gleichgewicht zwischen verschiedenen Pflanzenarten stören und die Qualität von Pflanzen als Nahrung für Tiere beeinträchtigen kann (siehe Seite 68 ff.).

Die Schweiz schreibt tief rote Zahlen

Im gemässigten Klima haben sich weniger Arten gebildet als in den Tropen. Dennoch leben hierzulande schätzungsweise etwa 40 000 Tier- und 3000 Blütenpflanzenarten. Da die Schweiz nicht ans Meer grenzt, fehlt ihr zwar das reiche Spektrum der marinen Tierwelt. Dafür bieten die Alpen eine Vielzahl von Lebensräumen

Stamm/Klasse	Anzahl Tierarten in der Schweiz	
	bekannt	geschätzt
Schwämme (Porifera)	**6**	**6**
Nesseltiere (Cnidaria)	**6**	**6**
Hydrozoen (Hydrozoa)	6	6
Plattwürmer (Plathelmintes)		**2600**
Strudelwürmer (Turbellaria)		150
Saugwürmer (Trematoda)		1750
Bandwürmer (Cestoda)		700
Schnurwürmer (Nemertini)		**3**
Rundwürmer (Nemathelminthes)		**3175**
Bauchhaarlinge (Gastrotricha)		50
Rädertiere (Rotatoria)		600
Fadenwürmer (Nematodes)		2500
Saitenwürmer (Nemotomorpha)		25
Weichtiere (Mollusca)	**270**	**280**
Schnecken (Gastropoda)	244	250
Muscheln (Bivalvia)	26	30
Ringelwürmer (Annelida)		**225**
Vielborster (Polychaeta)		4
Gürtelwürmer (Clitellata)		221
Bärtierchen (Tardigrada)		**60**
Gliederfüssler (Arthropoda)	**19590**	**33700**
Insekten (Insecta)	16600	30000
Spinnentiere (Arachnida)	2375	3000
Krebse (Crustacea)	415	500
Tausendfüssler (Myriapoda)	200	200
Chordatiere	**376**	**376**
Kieferlose (Agnatha)	2	2
Knochenfische (Osteichthyes)	51	51
Lurche (Amphibia)	20	20
Kriechtiere (Reptilia)	15	15
Vögel (Aves)	205	205
Säugetiere (Mammalia)	83	83
Total		**40431**

Artenzahlen der in der Schweiz vertretenen Tierstämme
Schätzungsweise 40 000 Tierarten leben auf und im Schweizer Boden. Davon machen die Wirbeltiere (Chordatiere) nur einen sehr kleinen Bruchteil aus. (Quelle: Rote Liste der gefährdeten Tierarten in der Schweiz, 1994)

mit unterschiedlichen klimatischen Bedingungen. Dadurch erreicht unser Land ähnliche Artenzahlen wie andere mitteleuropäische Staaten, die am Meer liegen. Zwei Regionen verfügen über eine besonders grosse Biodiversität: das Rhonetal, das mit seinem trockenen und warmen Kontinentalklima artenreiche Lebensräume geschaffen hat, und das Tessin am Alpensüdhang, das eine Reihe von Arten beherbergt, die für den Mittelmeerraum typisch sind. Zu den artenreichsten Ökosystemen zählen in der Schweiz die Auenwälder, die Laubmischwälder und die Kalkmagerrasen.

In unserem dicht besiedelten und intensiv genutzten Land sind im internationalen Vergleich sehr viele Arten vom Aussterben be-

In höchster Gefahr
95 Prozent aller Amphibienarten sind in der Schweiz bedroht – auch der Laubfrosch. Der grossflächige Verlust der Auen hat ihm arg zugesetzt.

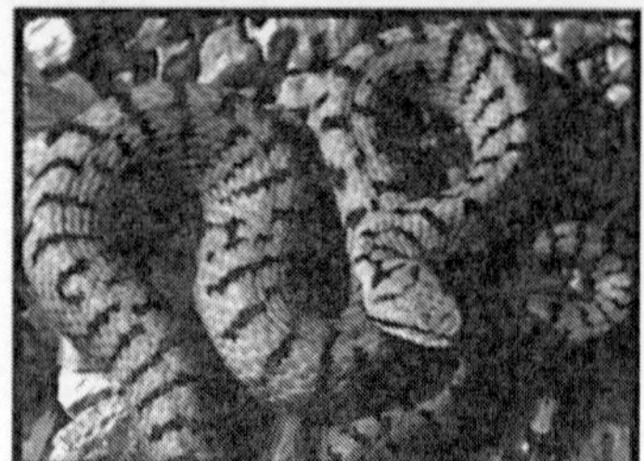

Bedrohte Kriechtiere
Fast alle Reptilienarten stehen auf der Roten Liste. Besonders bedroht ist die Juraviper, die lediglich noch in winzigen, isolierten Populationen vorkommt.

droht. So gelten je nach Gruppe zwischen 33 und 95 Prozent der Tier- und Pflanzenarten als selten oder gefährdet oder sind bereits verschwunden (siehe Abbildung unten). Und die Situation verschärft sich zusehends: Während zum Beispiel im Jahr 1977 noch 42 Prozent der Brutvögel gefährdet waren, ist dieser Anteil 1982 auf 46 Prozent und 1991 auf 58 Prozent gestiegen. Weiter sind 54 Prozent der Säugetiere, 87 Prozent der Reptilien, 78 Prozent der Fische und 95 Prozent der Amphibien gefährdet. Auch 33 Prozent der Blütenpflanzen sind bedroht. Allerdings sind von den hierzulande vorkommenden Arten nur einzelne auf die Schweiz beschränkt. Ihr Aussterben in der Schweiz bedeutet im allgemeinen keinen weltweiten Schaden. Dennoch wäre auch ihr Tod eine unwiederbringliche Einbusse an Biodiversität, weil damit genetische Varianten verschwinden, die an die regionalen Verhältnisse besonders gut angepasst waren. So können später nicht einfach

Gefährdungsgrad der Pflanzen- und Tierarten in der Schweiz
Schlimm sieht es bei den Amphibien und Reptilien aus. (Quelle: Nationaler Bericht der Schweiz zum Übereinkommen über die biologische Vielfalt, 1998)

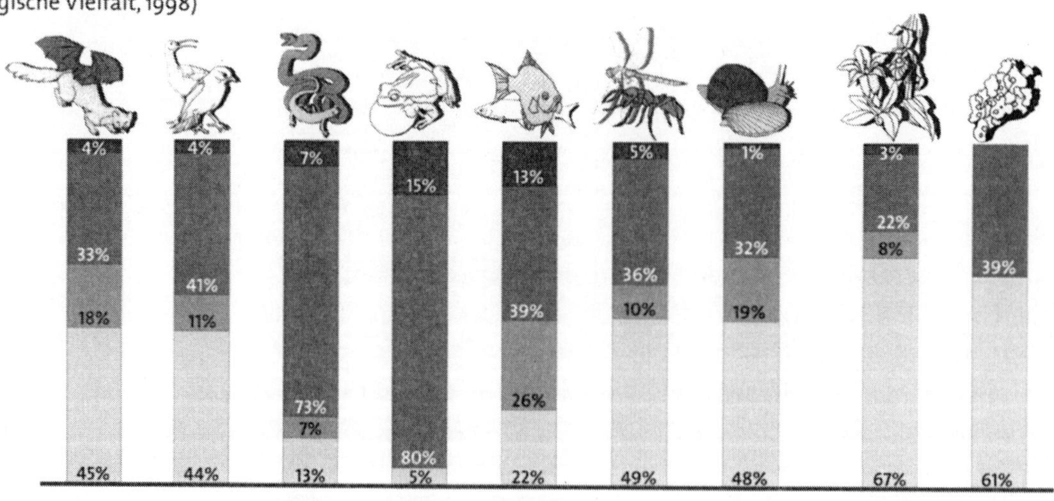

Rundblättriger Sonnentau
Die Zerstörung der Moore und Stickstoffdüngung aus der Luft haben diese fleischfressende Pflanze zur bedrohten Art gemacht.

Opfer der Landwirtschaft
Schmetterlinge sind in den letzten Jahrzehnten massiv zurückgegangen.

Exemplare aus anderen Regionen wieder hier angesiedelt werden.

Auch die biologische Vielfalt der Nutztierrassen und Pflanzensorten, die hierzulande gezüchtet wurden, ist in Gefahr (siehe Kasten Seite 36). Die Bauern, die in der Vergangenheit die artenreiche Landschaft geschaffen hatten, brauchen heute nur noch eine beschränkte Zahl von Sorten und Nutztierrassen. Der Einsatz von immer weniger Hochertragssorten hat dazu geführt, dass viele alte Sorten allmählich aufgegeben wurden und verschwanden. Immerhin wird eine gewisse Anzahl der genetischen Varietäten in Genbanken oder in Sammlungen aufgehoben. Bei den Äpfeln sind gerade noch 15 Prozent, bei der Kirsche 9 und bei der Birne 12 Prozent der Sorten gesichert, das heisst an mindestens fünf Standorten vorhanden. Noch prekärer sind die Verhältnisse bei den Nutztieren.

Ursache für die Bedrohung von Arten in der Schweiz ist die extreme Veränderung der mitteleuropäischen Kulturlandschaft seit Mitte des vorletzten Jahrhunderts (siehe Seiten 40 ff.). In diesem Zeitraum sind hierzulande zum Beispiel 90 Prozent aller Trockenrasen, Feuchtgebiete und Auenlandschaften zerstört worden. Noch vor 150 Jahren waren die abwechslungsreichen ländlichen Gebiete im ganzen Land Garant für eine hohe Artenvielfalt. Der Bau von Strassen, Wohnsiedlungen, Industriegebieten haben natürliche Biotope zerstört. Heute wird pro Sekunde 1 Quadratmeter Landfläche überbaut. Die biologische Vielfalt wurde dabei auf wenige Restflächen zurückgedrängt. Die einzigen natürlichen Gebiete finden sich in der Schweiz noch im Hochgebirge, während die einst naturnahe Kulturlandschaft zur mehr oder weniger aus-

Die einzigen natürlichen Gebiete finden sich in der Schweiz im Hochgebirge, während die einst naturnahe Kulturlandschaft zur mehr oder weniger ausgeräumten Agrarlandschaft verarmt ist.

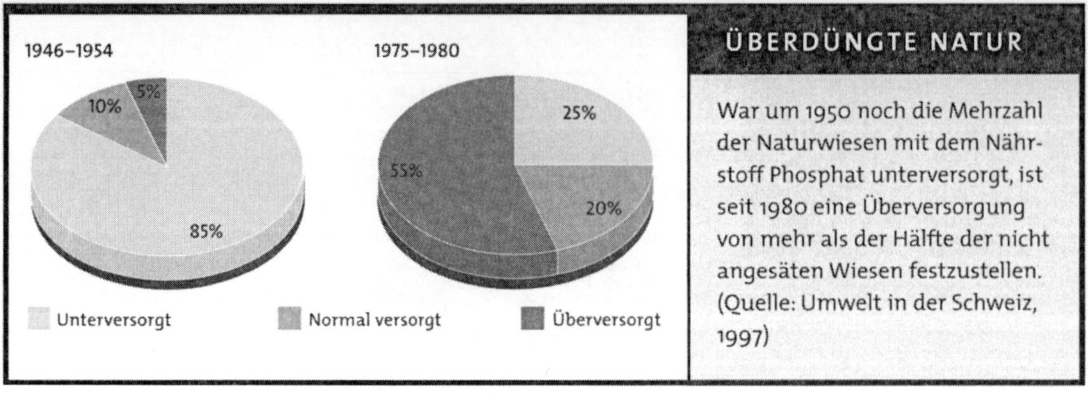

War um 1950 noch die Mehrzahl der Naturwiesen mit dem Nährstoff Phosphat unterversorgt, ist seit 1980 eine Überversorgung von mehr als der Hälfte der nicht angesäten Wiesen festzustellen. (Quelle: Umwelt in der Schweiz, 1997)

geräumten Agrarlandschaft verarmt ist. Dies gilt etwas abgeschwächt auch für die Wälder, die in ihrer Gesamtfläche in den letzen 100 Jahren dank dem Waldgesetz nicht geschrumpft sind: Vor allem im Mittelland wird der Wald intensiv genutzt, so dass er sich nicht mehr natürlich verjüngt. Der weitgehend ungeklärte Verlust von Nadeln und Blättern hält weiter an. Oft fehlen tote Bäume, Licht und eine ausgewogene Altersmischung, Faktoren, die für Tiere besonders wichtig sind. Noch zählt der Wald zwar zu den vielfältigeren Gebieten unseres Landes. Doch nur noch ein Drittel aller ökologisch besonders wertvollen Waldränder ist naturnah. Mindestens ein Drittel der 2200 Waldkäfer steht auf der roten Liste. Ebenso stehen alle acht Wald-Fledermäuse darauf.

Problematisch ist nicht bloss, dass die Gesamtfläche der naturnahen Gebiete abgenommen hat, sondern auch, dass diese Gebiete nicht mehr zusammenhängen. Sie werden durch Strassen, Siedlungen, Industriegebiete, Sportanlagen und landwirtschaftliche Intensivkulturen voneinander isoliert. Schon eine schmale, geteerte Strasse, ja sogar eine gemähte Wiese kann für kleine Tiere eine unüberbrückbare Barriere darstellen. Doch die naturnahen Flächen wurden nicht nur zurückgedrängt und fragmentiert. Sie leiden auch unter dem Einfluss benachbarter Gebiete, vor allem der Landwirtschaft. Dazu kommt noch der Stickstoffeintrag aus der Luft, der im Mittelland jährlich bis zu 80 Kilogramm pro Hektare beträgt, was allein schon einer guten Düngung entspricht! Diese Stickstoffbelastung stammt aus Heizungen, Industrie, Ställen und aus dem Motorverkehr. So werden auch die bislang vom Menschen verschonten Biotope in Mitleidenschaft gezogen, ihre Zusammensetzung verändert sich, nährstoffliebende Allerweltskräuter verdrängen die seltenen Gewächse, die mit wenig Nährstoffen auskommen: Die Biotope verarmen.

Auch die bislang vom Menschen verschonten Biotope werden in Mitleidenschaft gezogen, ihre Zusammensetzung verändert sich, nährstoffliebende Allerweltskräuter verdrängen die seltenen Gewächse.

Trotz der schleichenden und fortdauernden Zerstörung der natürlichen und naturnahen Lebensräume und obwohl immer mehr Arten daraus verschwinden, nimmt paradoxerweise die gesamte Artenzahl in der Schweiz noch immer zu. Diese Zunahme beruht indes nicht auf einer Neubildung von Arten, sondern auf der Einwanderung oder Einschleppung von fremden Arten aus benachbarten Regionen und inzwischen vermehrt auch aus anderen Kontinenten. Diese Importe stellen jedoch nicht einfach ein Plus für den biologischen Reichtum unseres Landes dar. Im Gegenteil, denn manche der eingeschleppten Arten verhalten sich in der neuen Umgebung aggressiv, weil sie hier keine oder nur wenige natürliche Feinde vorfinden. Sie verdrängen deshalb oft die einheimische Fauna und Flora. Ein weiterer Grund für die wachsende Artenzahl ist der Verzögerungseffekt: Die Lebensraumveränderungen wirken sich nicht sofort aus, sondern oft erst nach einer Weile. Das grosse Aussterben der heimischen Arten steht uns also noch bevor, selbst wenn wir es schafften, die restlichen naturnahen Biotope von nun an 100-prozentig zu schützen, wovon wir aber heute noch weit entfernt sind.

Einige Tierarten wurden in der Schweiz auch direkt ausgerottet, etwa durch übermässige Bejagung. Die Jagd spielt heute indes eine weniger einschneidende Rolle als früher. Steinbock, Luchs, Biber und Bartgeier haben Naturschützer mehr oder weniger erfolgreich wieder angesiedelt. Bei Grossraubtieren wie dem Braunbären und dem Wolf, von dem schon einige Exemplare aus Italien eingewandert sind, ist eine Wiedereinbürgerung umstritten. Obwohl der

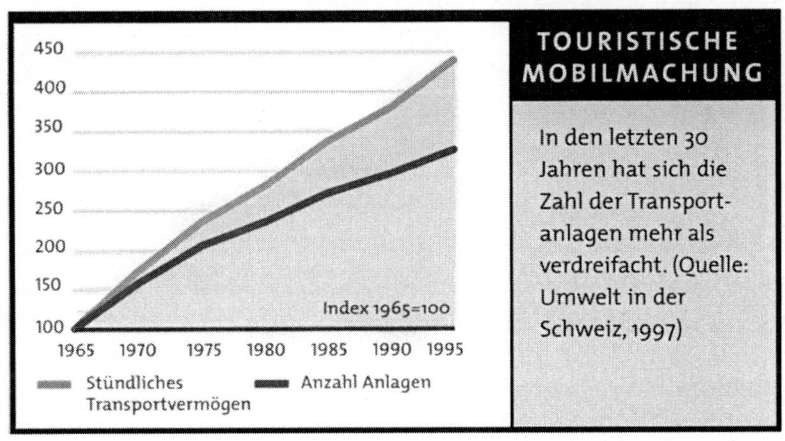

ie Schweiz steht im internationalen Vergleich bezüglich der Inventarisierung und Sicherung der genetischen Ressourcen in der Landwirtschaft eher schlecht da. Zum Beispiel besitzt sie bis heute keine staatlich geführte Obstgenbank. Bis vor kurzem blieb es privaten Organisationen wie Pro Specie Rara und Fructus überlassen, alte und besondere Garten- und Ackerpflanzen sowie Obst- und Rebsorten ausfindig zu machen, zu erhalten und zu vermehren. Bund und Kantone wollen nun aber eine aktivere Rolle übernehmen. Den Anfang machte ein Projekt zur Inventarisierung einheimischer Kirschensorten der Eidgenössischen Forschungsanstalt für Obst-, Wein- und Gartenbau in Wädenswil (FAW). Bei der grössten je durchgeführten Umfrage zum Kirschenanbau in der Schweiz machten 2500 Landbesitzer Angaben über die noch vorhandenen Sorten. Das Ergebnis überraschte selbst Fachleute: Nach orthographischer Bereinigung konnten 733 Sortennamen ausfindig gemacht werden, darunter solche mit so seltsamen Namen wie «Rote Spitzibüler», «Kaschisändler» und «Hallauerdrimmli». Davon können rund 530 als eigentliche Kirschsorten eingestuft werden, die sich hauptsächlich nach dem Reifezeitpunkt und dem Verwendungszweck unterscheiden und eine erstaunliche Vielfalt an Frucht- und Baumeigenschaften aufweisen.

Diese besonderen Eigenschaften könnten nun zur Rettung des Brennkirschenanbaus in der Schweiz beitragen. Seit der Einführung des Einheitssteuersatzes für inländische und importierte Spirituosen im Juli 1999 erhalten nämlich die Landwirte lediglich noch 66 Rappen für das Kilo einheimischer Brennkirschen. Bei einer üblichen Pflückleistung von bis zu 15 Kilo pro Stunde resultiert ein Umsatz von höchstens 10 Franken. Dieser Betrag muss nicht nur die Lohnkosten für das Pflücken decken, sondern auch noch den Schnitt der Bäume im Winter sowie allfällige chemische Behandlungen gegen Pilze und Insekten. Die Mechanisierung der Ernte ist der einzige Ausweg aus dieser prekären Situation. Die Landwirte benötigen dazu aber geeignete Baumformen und schüttelbare Sorten. Und genau solche Sorten lieferte das von der FAW durchgeführte Inventar: Acht schüt-

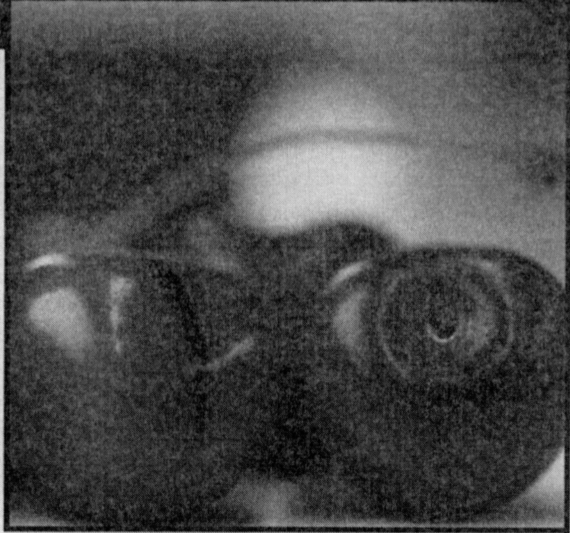

Streifen-Kirsche
Diese eigentümliche, alte Kirschsorte haben Wissenschafter wieder entdeckt.

telbare Kirschsorten wurden wieder entdeckt und zur Vermehrung ausgewählt. Die Bäume sollen klein gehalten werden und früh in den Ertrag kommen. Ein Teleskopschüttler wird die Kirschen eines Baumes innerhalb von fünf Minuten ernten und den Kirschenproduzenten in der Schweiz ein rationelles Arbeiten ermöglichen.

Diese Entwicklung führt deutlich vor Augen, wie wichtig die Erhaltung der gesamten genetischen Ressourcen sein kann. Vor Jahren hätte niemand gedacht, dass Sorten, deren Kirschen sich leicht vom Stil lösen, jemals der Hoffnungsschimmer einer ganzen Branche werden könnten. Dennoch läuft der Grossteil der traditionellen und unrentablen Hochstammsorten zur Zeit Gefahr, der Rodung zum Opfer zu fallen – allein für dieses Jahr befürchten Wissenschafter den Verlust von Tausenden von Einzelbäumen. Dies ist in zweierlei Hinsicht bedauerlich: Zum einen geht mit den Hochstämmen ein landschaftsprägendes Element sowie wichtige Nistplätze für einheimische Vogelarten verloren. Zum anderen hat der Fall der mechanisch erntbaren Sorten gezeigt, dass die bedrohten Kirschsorten ein wertvolles genetisches Reservoir für zukünftige Generationen darstellen können.

Luchs geschützt ist, stellen ihm manche Jäger immer noch nach. Für den Fischotter fehlen derzeit die geeigneten Lebensbedingungen in der Schweiz.

Viel bedrohlicher als die Jagd sind heute die Freizeitaktivitäten für Pflanzen und Tiere. Die Menschen verfügen heute über mehr Freizeit als jemals zuvor und sind höchst mobil. Es zieht sie in die Natur, ausgerüstet mit Seil und Haken, Snowboards, Gleitschirmen, Tourenskis, Mountainbikes, Taucheranzügen, Schlauchbooten. Noch im entlegensten Tal, in der steilsten Wand, im tiefsten Wald, im dichtesten Schilfgürtel tummeln sich Erholungs- und Abenteuersuchende. Für die Touristen werden einst abgelegene Orte mit Strassen und Bergbahnen überzogen. Unser Land verfügt über das dichteste Netz touristischer Transportanlagen der Welt. In empfindlichen Entwicklungsphasen wie Brut und Jungenaufzucht von Vögeln sowie im Winter können Störungen durch Freizeitsportler und Touristen fatale Folgen haben. Die Tiere werden aufgeschreckt, flüchten und verlieren kostbare Energie. Sie ziehen sich weiter zurück und verlieren ihr Revier zur Nahrungs- oder Partnersuche.

Schliesslich macht den Tieren und vor allem den Pflanzen auch hierzulande die globale Umweltveränderung durch die Erhöhung des Kohlendioxidgehalts der Luft zu schaffen. Prognosen rechnen für die Schweiz mit einem Anstieg der Durchschnittstemperatur und der Niederschläge. Bei der schnellen Erwärmung, die sich abzeichnet, gelingt es wohl den meisten Pflanzenarten nicht, innerhalb weniger Generationen nach Norden oder in höhere Lagen auszuweichen. Auch für die mobilen Tierarten stellen sich Probleme, wenn sie zum Beispiel auf weniger ausbreitungsfähige Futterpflanzen, Wirts- oder Beutetiere angewiesen sind, die mit dem Klimawechsel nicht mithalten können. Andererseits besiedeln wohl eine Vielzahl von mediterranen Tierarten die Schweiz bei einer generellen Erwärmung. Die angestammte Fauna kommt durch die Konkurrenz noch stärker unter Druck. Am stärksten bedroht wären die Arten der Alpen, die nur dort vorkommen, nicht ausweichen könnten und somit ganz verschwinden würden.

Viel bedrohlicher als die Jagd sind heute die Freizeitaktivitäten für Pflanzen und Tiere. Die Menschen verfügen heute über mehr Freizeit als jemals zuvor und sind höchst mobil.

Diagnose des Verlusts

Industrialisierung der Landschaft

Nach den Eiszeiten überzogen dichte Wälder die Schweiz. Im Laufe der Geschichte sorgten die Bauern dafür, dass sich unser Land in eine abwechslungsreiche Landschaft umwandelte, die zahlreichen Tier- und Pflanzenarten eine Heimat bot. In den vergangenen zweihundert Jahren griffen Landwirte aber immer mehr zu Mitteln der Technik, um mehr aus dem Boden herauszuholen: Dünger, Spritzmittel, Landmaschinen. Die industriellen Methoden vertrieben Pflanzen und Tiere aus den einst blühenden Landschaften und machten daraus eine ausgeräumte Produktionsgrundlage. Die für Flora und Fauna so wichtigen Elemente wie Hecken, Büsche, Feuchtgebiete, Bäche, Tümpel, Baumgruppen und Steinmauern störten die rationelle Produktion und wurden beseitigt. Wie Forschende des Biodiversitätsprojektes zeigen, gingen in den letzten Jahren immer mehr Landverluste auf das Konto des Siedlungsbaus. Die Menschen haben den Tieren und Pflanzen kaum Lebensraum übrig gelassen.

Mechanisieren, intensivieren, produzieren

Während die Landwirtschaft in historischen Zeiten eine vielfältige Landschaft hervorgebracht hat, in der sich zahlreiche Tier- und Pflanzenarten in neuen Lebensgemeinschaften zusammengefunden haben, wurde dieser Trend seit der industriellen Revolution und dem parallel dazu verlaufenden enormen Bevölkerungswachstum in vielerlei Weise umgekehrt. Die Erfindung des Kunstdüngers Mitte des vorletzten Jahrhunderts ermöglichte eine völlig veränderte Nutzung der Kulturwiesen: War der bäuerliche Betrieb bisher ein halbwegs geschlossenes System, konnten Bauern nun durch ausgiebiges Düngen die Produktivität des Grünlandes massiv steigern. Die

Anzahl möglicher Schnitte pro Jahr erhöhte sich auf drei bis vier, wobei das Gras bereits Mitte Mai zum ersten Mal gemäht wurde. Magerwiesen wandelten sich zu Fettwiesen, die eine immer grössere Anzahl Vieh ernährten, die wiederum die Düngermenge ansteigen liessen. Im fetten Einheitsgrün der Wiesen dominieren heute einige wenige Pflanzenarten, die vom reichhaltigen Nährstoffangebot profitieren und keinen Platz für biologische Vielfalt übrig lassen. Nährstoffarme und artenreiche Grünlandökosysteme sind selten geworden.

Ebenso negativ wirkte sich die Einführung chemisch-synthetischer Unkraut- und Insektenbekämpfungsmittel auf die Wiesen und Äcker aus. Unliebsame Arten wurden nun grossflächig eliminiert, wobei auch viele harmlose und nützliche Tiere den Insektiziden zum Opfer fielen. Kein anderer Wirtschaftszweig bringt noch heute derart grossflächig und in derart grossen Mengen giftige Chemikalien in die Umwelt wie die Landwirtschaft. Angesichts der monotonen Äcker fällt es schwer zu glauben, dass auf den Feldern früher eine reichhaltige Begleitflora gedieh.

Ein entscheidender Schritt von der traditionellen Kulturlandschaft hin zur Zivilisationslandschaft war schliesslich die Mechanisierung der landwirtschaftlichen Produktion. Die Bearbeitung des Bodens mit Maschinen erforderte grosse und zusammenhangende Flächen. Sogenannte «Flurbereinigungen» fügten die durch jahrhundertelange Erbteilung zersplitterten kleinen Parzellen zu immer

Totgespritzter Rebberg
Der Weinanbau ist besonders chemieintensiv.

So geht es auch
Rebhang mit artenreichem Unterwuchs.

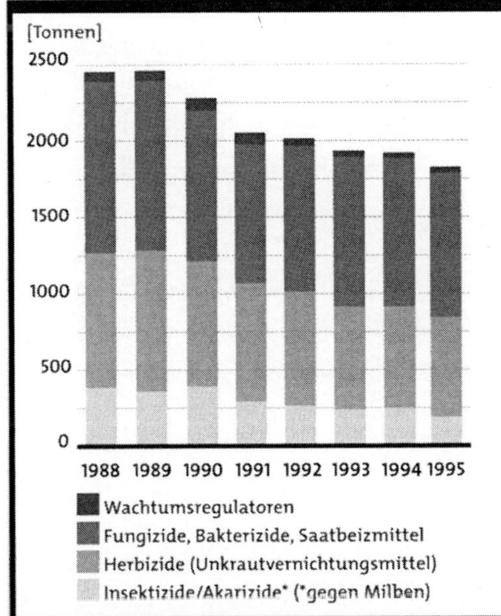

VERBRAUCH GEHT WIEDER ZURÜCK

Seit 1988 nimmt der Verbrauch von Spritzmitteln in der Schweiz und im Fürstentum, Liechtenstein wieder ab. Gründe dafür sind der Einsatz von wirksameren, jedoch weniger untersuchten Mitteln in geringeren Mengen sowie die Einschränkung des Pflanzenbehandlungsmittel-Verbrauchs in der integrierten Produktion. Dennoch bleiben die Gesamtfrachten beachtlich. (Quelle: Umwelt in der Schweiz, 1997)

Baggern in der Landschaft

Die Mechanisierung ermöglichte es, die traditionelle Kulturlandschaft in kürzester Zeit völlig zu verändern.

Entwässerungsgraben und Drainageröhren

Statt zu extensivieren wird teuer entwässert.

Sinnlos abgebrannte Hecke

Hier hat einmal der Neuntöter gebrütet.

ausgedehnteren Einheiten zusammen, auf denen bloss noch eine einzige Feldfrucht in Monokultur angebaut wurde. Um einen rationellen Einsatz ihres schweren Geräts zu ermöglichen, haben die Bauern Landschaftselemente, die die Bewirtschaftung erschwerten, laufend ausgeräumt: Hecken, Sträucher, Einzelbäume, Steinhaufen, Feuchtgebiete, Tümpel und topographische Unebenheiten wurden beseitigt, Waldränder begradigt und Bäche eingedohlt. Die Mechanisierung hat damit das Landschaftsbild radikal verändert. Bis heute gehen jährlich Tausende solcher Strukturen verloren. Dies gilt vor allem für die ökologisch wertvollen Hochstammkulturen, die dem rationellen Obstanbau zum Opfer fallen.

Die um 1900 boomende Mechanisierung ermöglichte es den Landwirten auch, in die damals relativ unzugänglichen Reste der Naturlandschaft einzudringen und sie in kürzester Zeit völlig zu verändern. Moore wurden urbar gemacht, Flüsse in ehemaligen Aue- und Sumpfgebieten begradigt. Besonders tiefgreifend wirkte sich die «Anbauschlacht» während des 2. Weltkrieges aus, in der die Landwirtschaftsfläche massiv ausgedehnt und intensiviert wurde.

Paradoxerweise führte in den vergangenen 50 Jahren auch das Gegenteil der Intensivierung, nämlich Flächenstilllegungen, ebenfalls zu einer Verarmung der Landschaft. In topographisch ungeeigneten und abgelegenen Randregionen, in denen arbeitssparende Landmaschinen nur bedingt einzusetzen sind, gaben die Bauern zahlreiche Flächen auf. Dort hat die natürliche Vegetation, der Wald, das Landwirtschaftsland zurückerobert. So ist zum Beispiel der Rückgang artenreicher Wiesen im Kanton Tessin zwischen 1955 und 1990 um über die Hälfte nicht nur auf eine Intensivierung der Nutzung, sondern auch auf Flächenstilllegungen zurück-

> Die Mechanisierung hat das Landschaftsbild radikal verändert.

Plastik statt Vielfalt
Intensivkulturen im grossen Moos
(Kanton Bern).

Untergepflügte Naturwiese
Nur die Schlüsselblume zeugt noch von der einstigen Vielfalt.

zuführen. Die Abnahme spiegelt sich denn auch in der Zunahme der Waldfläche um über 60 Prozent im gleichen Zeitraum wieder.

Der Wandel in der Landwirtschaft hat den Bauern wesentliche Vorteile gebracht: Die Arbeit ist einfacher geworden und die Erträge sind stark gestiegen. Niemand wird einem Bauern unter freien Wettbewerbsbedingungen mehr zumuten, sein Gras mit der Sense zu mähen, sein Feld mit einer Heerschar von Ackerkräutern zu teilen oder mit seinem Traktor um unzählige Einzelbäume zu zirkeln. Allerdings blieb die Schweizer Landwirtschaft in den letzten 50 Jahren von der freien Marktwirtschaft weitgehend verschont. Die Subventionspolitik des Staates zielte zunächst auf die Existenzsicherung einheimischer Bauern sowie auf die Gewährleistung von Versorgung und Ernährung ab. Nach den Erfahrungen im 2. Weltkrieg baute der Bund die Subventionen noch aus. Bis in die 80er-Jahre hinein erhielten die Bauern die staatlichen Zuschüsse hauptsächlich fürs Produzieren. Die Früchte dieser Politik waren eine noch nie dagewesene Überproduktion landwirtschaftlicher Produkte wie Milch, Käse und Fleisch.

Das Mittelland von oben betrachtet
Siedlungen, soweit das Auge reicht.

Überbaut, betoniert und standardisiert

Zu den prägendsten Elementen der Landschaft gehören Städte, Agglomerationen, Dörfer und Weiler. In der Schweiz war die heutige Siedlungsstruktur bereits im Mittelalter in ihren Grundzügen vorhanden. Im Gegensatz zu den sich entwickelnden Städten spielte in den Dörfern die Landwirtschaft die tragende Rolle. Dies änderte sich jedoch mit der Industrialisierung und dem damit einhergehenden Bevölkerungswachstum im 19. Jahrhundert, als es nicht nur zu einer zunehmenden Durchmischung bäuerlicher Siedlungen mit gewerblichen und industriellen Einrichtungen kam, sondern auch zu einer Ausdehnung von Bauten und Anlagen auf Kosten des Kulturlandes und naturnaher Landschaften.

In den 70er und 80er Jahren erreichte der Landverbrauch einen Höhepunkt: Durchschnittlich 2400 Hektar Kulturland wurden pro Jahr in der Schweiz von Anlagen für Wohnen, Freizeit, Gewerbe, Industrie, Dienstleistungen sowie für Infrastruktur überbaut. Zwischen 1973 und 1982 nahm allein die Netzlänge der Nationalstrassen um 50 Prozent (1988 Kilometer), diejenige der Gemeindestrassen um 17 Prozent (50 382 Kilometer) zu. Diese Entwicklung führte nicht bloss zur Verarmung der Kulturlandschaft und der biologischen Vielfalt, sondern auch zu einer Veränderung des Wasserhaushaltes und des lokalen Klimas.

1981: Bewachsener Hohlweg
Die alte Römerstrasse bei Effingen
(Kanton Aargau) bot zahlreichen
Arten einen wertvollen Lebensraum.

2000: Platter Acker
Um Anbaufläche zu gewinnen,
wurden 2000 Jahre Geschichte
und Lebensraum geopfert.

Um den Einfluss des Menschen auf den Raum aufzuzeigen, erweisen sich der Topographische Atlas der Schweiz (Siegfriedatlas) mit seiner Erstausgabe von 1881 und den Nachführungen bis 1946 (Peter Stirnemann und Hans-Dietmar Koeppel 1999) sowie die seit 1954/55 erhältlichen Landeskarten der Schweiz (Hans-Dietmar Koeppel 1999) als wahre Goldgrube: Insbesondere das moderne Werk der Landeskarten 1:25 000, das über fein differenzierte Signaturen verfügt, alle sechs Jahre nachgeführt wird und sich auf Luftbilder und Überprüfungen im Feld stützt, eignet sich hervorragend, um Art und Ausmass der Landschaftsveränderungen zu erfassen. Darüber hinaus lassen sich darauf ihre zeitlichen Schwerpunkte und Verläufe feststellen und hinsichtlich ihrer Auswirkungen auf die Standort- und Artenvielfalt interpretieren.

In den 70er und 80er Jahren erreichte der Landverbrauch einen Höhepunkt.

Diese Situation machte sich Hans-Dietmar Koeppel mit seinen Mitarbeitern zunutze, um für grössere Räume zu abgesicherten Aussagen über die Entwicklung von Landschaft und Biodiversität zu kommen. Erfasst und bewertet haben die Forschenden die Veränderungen der Landschaft für die Fallstudiengebiete Limmattal, Bünztal und Fricktal im Kanton Aargau von 1954/55 bis 1994. Einen Eindruck über das Ausmass an festgestellten Veränderungen vermitteln die Karten am Beispiel des Limmattals (siehe folgende Doppelseite). Insgesamt hat sich die Region um Wettingen in den vergangenen hundert Jahren extrem verändert. Hauptursache des Wandels ist die Bebauung mit Siedlungen. Unbebaute Flächen sind selten geworden; sie dienen grossenteils als Kiesgruben.

Mit dem erstmals von den Forschern lückenlos erfassten Zeitraum von 40 Jahren können für die 3 Fallstudiengebiete – bei gleichen rechtlichen Voraussetzungen (Kanton Aargau) – Unterschie-

wischen 1954 und 1994 konnte Hans-Dietmar Koeppel (1999) im Untersuchungsgebiet Nutzungsveränderungen auf insgesamt 654 Hektar nachweisen. Davon sind heute 296 Hektar neue Siedlungsfläche, 61 Hektar Gleisanlagen, 27 Hektar Sportanlagen, Plätze sowie Friedhöfe, 26 Hektar neue Kiesgruben, 21 Hektar Grubenerweiterungen, 30 Hektar aufgefüllte Gruben, 26 Hektar gerodeter Wald und 43 Hektar neuer Wald. Die Zunahme der Waldfläche ging dabei zum Teil auf Kosten seltener Lebensräume, wie die Bewaldungen früher offener Felspartien und Lichtungen am Lägernhang zeigen. Besonders dramatisch ist der Rückgang der Obstbaumflächen: 74 Hektar des wertvollen Lebensraumes für unzählige Tierarten mussten Siedlungen und Kiesgruben weichen. Weitere Flächenveränderungen betreffen unter anderem den Rebbau, der in der Region noch immer ein prägendes Landschaftselement darstellt, obwohl sich immer mehr Wohnbauten in die bevorzugten Sonnenhänge drängen.

Auch die Veränderungen linearer Elemente sind beachtlich: In den betrachteten 39 Jahren wurden total 375 Kilometer linienförmige Landschaftsbe-

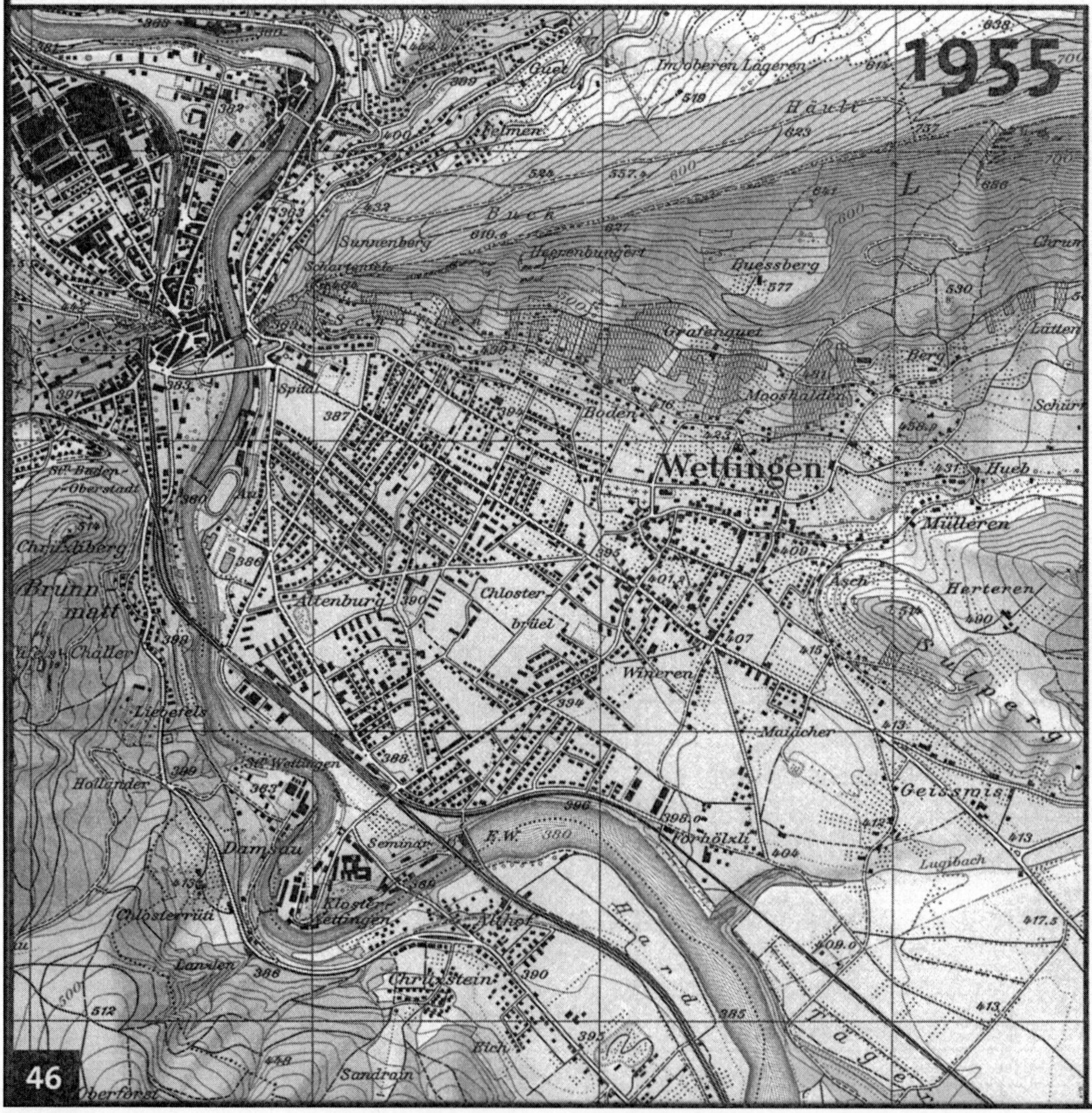

standteile neu gebaut, eliminiert oder verändert.
Es entstanden viele überörtliche Verkehrswege,
Quartierstrassen sowie Flur- und Waldwege. Er-
freulicherweise wurden lediglich 0,4 Kilometer
Hecken gerodet, und in der Periode 1982 bis 1988
konnten 24 neue Hecken mit einer Gesamtlänge
von 3,6 Kilometern gezählt werden – ein klarer Erfolg des Jahres der Hecke 1979. Bei den Einzelele-
menten haben die Forschenden 622 Veränderungen registriert, darunter 295 neue und einzeln stehenden Gebäude. Diese Zahlen dokumentieren die
fortschreitende Zersiedelung der Landschaft.

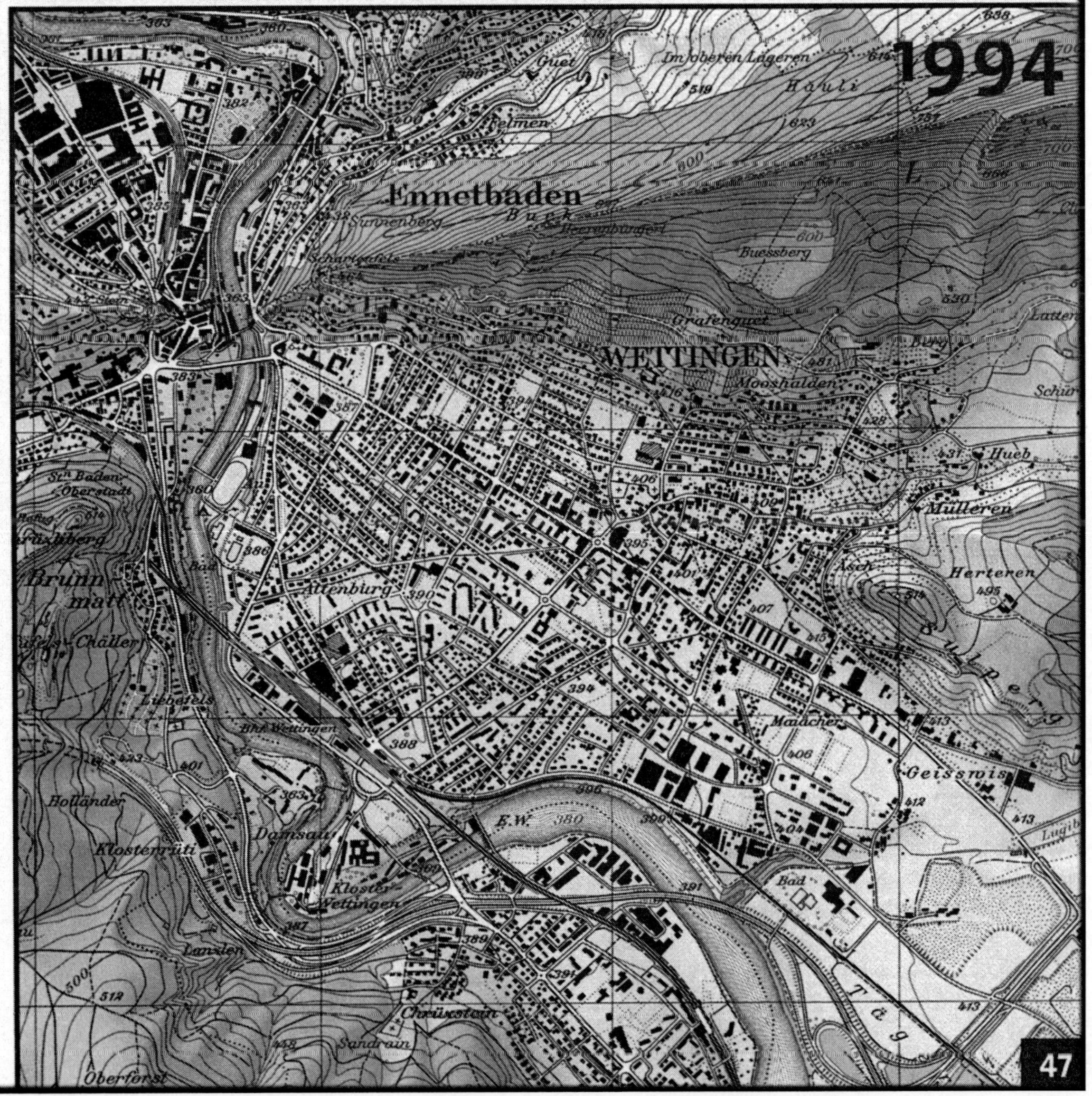

**Markanter Wandel
bei Wettingen**
Ausschnitt aus der Lan-
deskarte 1:25 000, Blatt
1070, Baden, Ausgaben
1955 (links) und 1994
(rechts). Reproduziert mit
Bewilligung des Bundes-
amtes für Landestopogra-
phie (BA002065).

de in der Landschaftsentwicklung aufgezeigt und interpretiert werden. Im Limmat- und Bünztal, begünstigt durch die relativ ausgedehnten Tallagen, waren die Landschaftsveränderungen wesentlich grösser und umfassender als im Fricktal. Dieses weist heute einen Veränderungsgrad auf, wie er für Limmat- und Bünztal am Anfang des Betrachtungszeitraumes geherrscht hat. Für die jüngste Zeit gibt es aber auch Anzeichen einer Beschleunigung des Veränderungsprozesses im Fricktal, während im Limmattal eine Verlangsamung zu beobachten ist. Dies interpretieren die Forscher als Folge der weitgehenden Erschöpfung von Landreserven im Limmattal. Dafür werden die Parzellen immer besser ausgenutzt, etwa mit dem Ausbau von Strassenspuren oder baulicher Verdichtung.

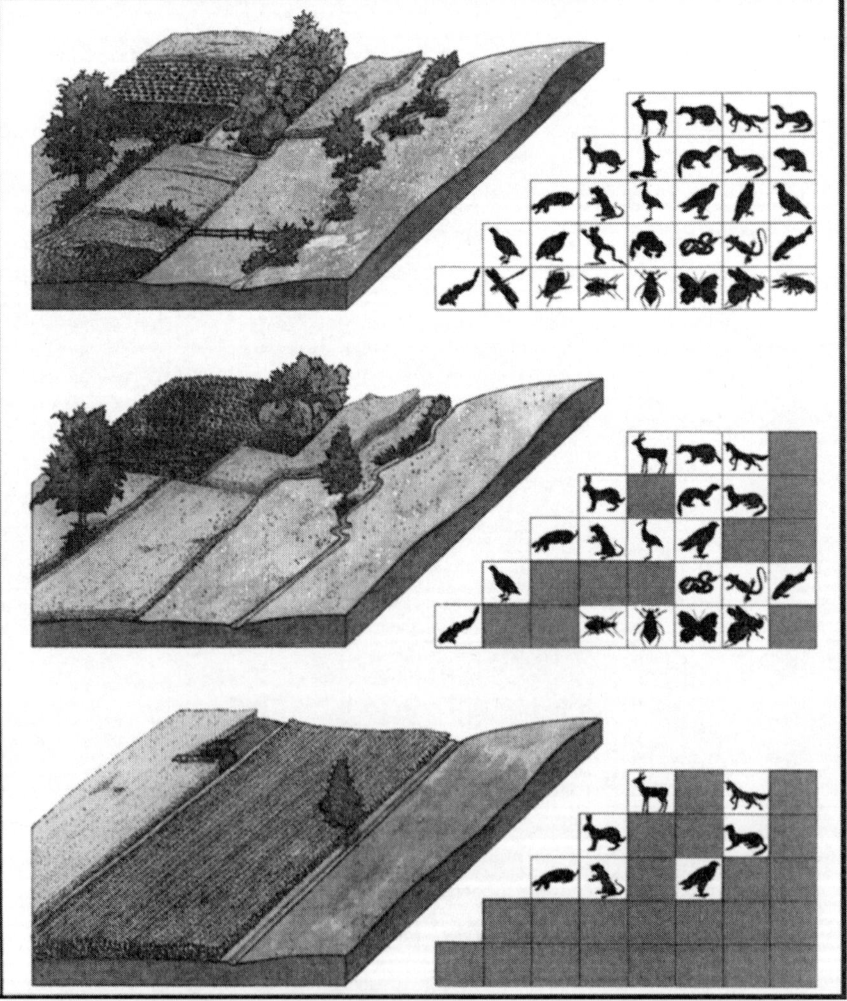

AUSGERÄUMT

Je weniger Strukturen die Landschaft aufweist, desto weniger Tiere finden sich darin. (Quelle: Rettet die Natur, Zitiert in: Umwelt in der Schweiz, 1997)

Barrieren gegen die Vielfalt

flanzen und Tiere leiden nicht allein unter der Zerstörung der naturnahen Lebenräume. Ein grosses Problem ist auch, dass die Reste naturnaher Biotope nur noch wie Inseln aus der intensiv genutzten, lebensfeindlich gewordenen Umgebung ragen. Schadstoffe dringen von allen Seiten ein und verändern die Artengemeinschaften schleichend. Forschende des Biodiversitätsprojektes haben zudem ermittelt, dass selbst kleine Hindernisse für Tiere oft unüberwindliche Barrieren darstellen: Sie können nicht mehr die verstreuten Nahrungsquellen aufsuchen oder Partner zur Fortpflanzung finden. So kann schon ein abgemähter Wiesenstreifen verhindern, dass Schmetterlinge zu ihren Nahrungspflanzen kommen. Umgekehrt werden Blumen nicht mehr bestäubt und verarmen genetisch. Pflanzen können ihre genetische Vielfalt nicht mehr erhalten und verlieren ihre Fruchtbarkeit. Selbst gut geschützte Biotope bieten deshalb keine Überlebenschance, wenn sie zu klein sind und die Umgebung zu stark beeinträchtigt ist.

Zerstückelt und isoliert

Durch die Intensivierung der Landwirtschaft, mit der Ausdehnung von Siedlungsräumen und Industriezonen sowie durch den Bau von Verkehrswegen wie Strassen, Auto- und Eisenbahnen wurden ehemals zusammenhängende Lebensräume der Tiere und Pflanzen nicht nur flächenmässig stark reduziert, sondern auch voneinander abgetrennt. Dabei blieb ein Flickenteppich aus Resten des ursprünglichen Lebensraumes mit dazwischen liegenden, stark veränderten Flächen zurück. In der Schweiz sind sämtliche natürlichen

Inselnatur in der intensiven Landwirtschaft
Nur noch isolierte Restflächen finden sich verstreut in unserer Landschaft.

Endstation für viele Tiere
Das dichte Verkehrsnetz der Schweiz.

und halbnatürlichen Biotope in den vergangenen Jahrzehnten massiv zerstückelt worden. Ob Moore, Auen oder Trockenwiesen: Nur noch isolierte Restflächen finden sich verstreut in unserer Landschaft.

Ausbreitungsbarrieren reduzieren für viele Tiere die Möglichkeit, sich frei in der Landschaft zu bewegen, um weit verstreute Nahrungsquellen aufzusuchen oder einen Partner zur Fortpflanzung zu finden. Insbesondere Tierarten mit geringen Populationsdichten und grossen Streifgebieten verschwinden rasch aus einer fragmentierten Landschaft. In den mittlerweile stark dezimierten Regenwaldgebieten Südostbrasiliens haben Forscher beispielsweise festgestellt, dass 20 Quadratkilometer grosse Waldinseln nur noch knapp 80 Prozent der ursprünglichen Säugetierfauna enthalten; Arten mit einem Streifgebiet wie Jaguar, Puma und Tapir fehlen. Zehnmal kleinere Fragmente, die die Mehrzahl der verbliebenen Waldinseln stellen, verlieren fast die Hälfte aller Säugetierarten.

Werden die um die Fragmente liegenden Flächen sehr stark verändert, kann es vorkommen, dass die Inselbiotope nicht mehr existenzfähig sind. Dies gilt zum Beispiel für Moorgebiete, bei denen die Entwässerung der landwirtschaftlich genutzten Umgebung auch in den verbliebenen Restflächen zu einem Absinken des Grundwasserspiegels führt. Viele spezialisierte Pflanzen- und Tierarten verschwinden aus diesen Inselbiotopen.

Viel Rand, wenig Inhalt

Eine typische Eigenschaft von Fragmenten ist die stark vergrösserte Randlänge im Verhältnis zur Fläche des Biotopinnern. Da in den Randbereichen die Lebensbedingungen von einer Vielzahl Faktoren beeinflusst werden, die von aussen auf das System wirken und die Zusammensetzung der Lebensgemeinschaft verändern, ist die ökologisch relevante Fläche von Resthabitaten in der Regel beträchtlich kleiner, als dies auf den ersten Blick erscheint. Die Randbereiche einer Waldinsel sind zum Beispiel anderen physikalischen Umweltbedingungen ausgesetzt als vor der Fragmentierung: Wind und Sonne dringen von allen Seiten bis weit in das Waldinnere vor und verändern das Mikroklima in den Randbereichen. Schattentolerante Krautpflanzen können nicht mehr im Randbereich des Frag-

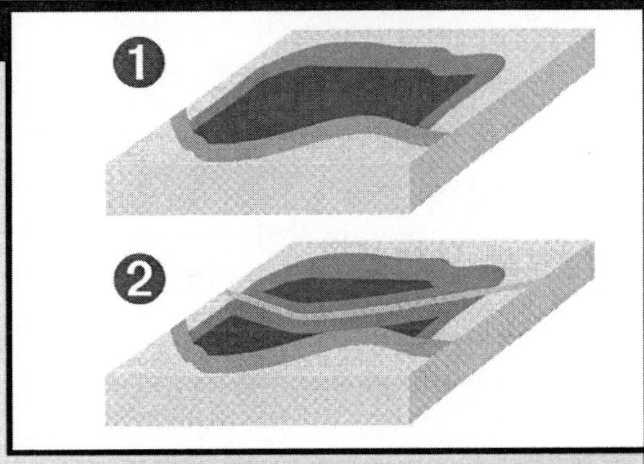

olgendes theoretische Beispiel soll zeigen, wie gravierend ein Biotop durch Randeffekte in seiner Fläche reduziert werden kann: Stellen wir uns einen 1000 Meter langen und 500 Meter breiten Auenwald an einem Fluss vor, der auf drei Seiten durch intensiv genutzte Felder begrenzt wird ❶. Nehmen wir an, Störungen aus den landwirtschaftlichen Flächen dringen 100 Meter weit in den Wald und beeinträchtigen dessen Artenzusammensetzung. Statt der potentiellen 50 Hektaren verbleiben empfindlichen Arten nur noch 32 Hektaren als geeigneter Lebensraum.

Eine bereits seit Jahren geplante Strasse soll nun durch den flusszugewandten Teil des Auenwaldes gebaut werden. Der Flächenverlust scheint gering: Lediglich eine Hektare ginge verloren. Doch zahlreiche Tierarten halten einen beträchtlichen Abstand zur Strasse ein. Nehmen wir an, dass für manche Arten ein Streifen von je 100 Metern links und rechts der Strasse als Brut- und Futtergebiet nicht in Frage kommt. Damit hat sich ihr Lebensraum um die Hälfte auf 16 Hektaren reduziert ❷.

Und es könnte noch schlimmer kommen: Um die Strasse vor Überschwemmungen zu schützen, wird sie auf einem Damm gebaut. Dies verändert den Wasserhaushalt des Gebietes drastisch. Abgeschnitten vom Fluss, werden viele, an die feuchten Verhältnisse des Auenwaldes angepasste Baumarten vertrocknen und durch andere Arten ersetzt. Der Auencharakter wäre verloren.

mentes überleben und müssen mit der Kernzone vorlieb nehmen. Der ursprüngliche Charakter des Inselbiotops verändert sich.

In der Schweiz grenzen viele Fragmente an landwirtschaftlich genutzte Flächen. Gülle, Herbizide und Insektizide sowie biotopfremde Pflanzen- und Tierarten aus den umliegenden Wiesen und Feldern verändern die Randbereiche wertvoller Biotope wie Magerwiesen und Moore und damit auch ihre Artenzusammensetzung. Auch unser Strassennetz, das zu den dichtesten der Welt zählt, teilt Biotope und vermindert deren Wert für Tiere und Pflanzen. Viele Vogelarten meiden vielbefahrene Verkehrswege. Umgekehrt öffnen Strassen Kernbereiche von Biotopen für wildernde Katzen und Hunde.

Bei sehr kleinen Fragmenten können Randeffekte die gesamte Fläche beeinträchtigen. Da die Reste der seltenen Kalkmagerrasen oft kleiner als eine Hektare sind, könnten viele der für diese Wiesengesellschaft typischen Eigenschaften bereits verloren gegangen sein. Allerdings grenzen die meisten Magerrasen nicht nur an landwirtschaftliche Intensivwiesen und -weiden, sondern auch an Waldgebiete, deren Einfluss auf das Grasland weit geringer ist als be-

fürchtet: Mit Hilfe von Bodenfallen konnten Ambros Hänggi und Bruno Baur (1998) zeigen, dass einflussreiche, biotopfremde Spinnen- und Käferarten aus dem Wald lediglich 3 bis maximal 12 Meter in das System eindringen. Das bedeutet, dass auch noch relativ kleine, von Wald umgebene Gebiete eine halbwegs intakte Kernzone für diese Tierarten enthalten.

Das Schweizer Fragmentierungsexperiment

Habitatfragmentierung führt zur Einengung der tatsächlich nutzbaren Lebensräume und damit zum Verlust von biologischer Vielfalt. Die geringen Populationsgrössen und die Isolation in den kleinen Fragmenten stellen die Restbestände von Pflanzen- und Tierarten aber vor eine ganze Reihe weiterer Probleme, die sich nicht immer auf Anhieb offenbaren. So sind dezimierte Populationen durch zufällige Schwankungen der Umweltbedingungen stärker gefährdet als grosse Populationen.

Um die Konsequenzen der Lebensraumzerschneidungen wirklich zu verstehen, muss man das Schicksal fragmentierter Populationen verfolgen. Studien in aller Welt registrieren seit Jahren die Anzahl der Arten in «natürlichen» Fragmenten unterschiedlichster Grössen, um die Auswirkungen der Verinselung zu dokumentieren. Dabei gibt es allerdings Schwierigkeiten bei der Interpretation der Ergebnisse: Fragmente variieren nämlich nicht nur in der Grösse, sondern auch im Alter, dem Grad der Isolation sowie der Form, die infolge der Randeffekte die Grösse der intakten Kernzone massgeblich mitbestimmt. Mit Hilfe von gezielten Experimenten können diese unerwünschten Störfaktoren eliminiert werden. Das Biodiversitätsprojekt hat daher zwischen 1993 und 1999 auf drei Kalkmagerrasen in den Gemeinden Nenzlingen (Kanton Basel-Landschaft), Vicques und Movelier (Kanton Jura) einen kontrollierten Fragmentierungsversuch unterhalten. Als äusserst artenreicher Lebensraum bieten Magerrasen ideale Voraussetzungen, um Eingriffe des Menschen in die Natur im Kleinmassstab zu simulieren. Da Magerwiesen zu den bedrohtesten Biotopen der Schweiz zählen, wurde mit dem Mähen eine Methode der Fragmentierung gewählt, die rückgängig zu machen ist. Dennoch wirken die gemähten Flächen für verschiedene Pflanzen- und Tierarten als teilweise oder ab-

**▶ Das Fragmentierungs-
experiment in Movelier**
Deutlich erkennbar die drei
fragmentierten Versuchsflächen.

Von nahe gesehen
Zwei durch regelmässiges
Mähen isolierte Frag-
mente.

**◀ Aufbau
Fragmentierungsversuch**
Experimentelle Habitat-
fragmentierung mit vier
verbliebenen Magerwie-
seninseln (rechts) und
Kontrollfläche (links).

solute Ausbreitungsbarriere (Bruno Baur und Andreas Erhardt
1995).

Das Fragmentierungsexperiment basierte auf zwölf in drei Magerwiesen des Schweizer Juras verteilten 32 x 32 Meter grossen
Flächen (siehe obige Abbildung). Während in einer Hälfte lediglich
vier Restflächen durch regelmässiges Mähen ihrer Umgebung erhalten blieben, enthielt die ungestörte Hälfte vier spiegelbildlich an-
geordnete und unfragmentierte Kontrollflächen.

Somit enthielt jede Fläche ein grosses (4,5 x 4,5 Meter), ein mitt-
leres (1,5 x 1,5 Meter) sowie zwei kleine Fragmente (0,5 x 0,5 Meter)
und vier entsprechend grosse Kontrollflächen. Der Abstand zwischen den einzelnen Fragmenten sowie zwischen den Fragmenten
und der unberührten Wiese betrug 5 Meter, also ungefähr die
Breite einer durchschnittlichen Schweizer Strasse.

Verlorene Populationen

Wie würde sich die Fragmentierung auf die in den Biotopinseln verbliebenen Pflanzen und Tiere auswirken? Dazu wurden die Populationsentwicklungen von sechs für die Lebensgemeinschaft der Magerwiesen typischen Landschneckenarten verfolgt. Interessanterweise haben Peter Oggier und Bruno Baur (1999) in den ersten anderthalb Jahren nach der Fragmentierung bei fünf Schneckenarten eine hohe Einwanderungsrate in die Biotopinseln festgestellt – eine Folge der massiven Verschlechterung der Umweltbedingungen in den gemähten Flächen. Die dort ansässigen Individuen flüchteten regelrecht in Richtung der verbliebenen ungemähten Areale und steigerten damit kurzfristig die Populationsdichten.

Drei Jahre nach der Verinselung zeigten aber drei Arten negative Reaktionen in den Fragmenten: Die Gemeine Windelschnecke (*Vertigo pygmaea*), das Moospüppchen (*Pupilla muscorum*) und die Punktschnecke (*Punctum pygmaeum*) wurden im Vergleich mit den Kontrollflächen in immer weniger Fragmenten angetroffen. Einen grossen Einfluss scheint dabei die Lebensdauer der Arten gespielt zu haben: Die Gemeine Windelschnecke und die Punktschnecke leben nur etwa ein Jahr. Negative Umwelteinflüsse innerhalb der Fragmente, die die Reproduktionsvorgänge beeinflussen, wirken sich bei diesen Arten schneller aus als bei längerlebigen.

Die drei betroffenen Arten sind gleichzeitig die kleinsten der untersuchten Arten. Diese scheinen nicht in der Lage zu sein, die Isolationsflächen zu überqueren. Erlischt eine Population innerhalb der Fragmente infolge zufälliger Ereignisse, können diese Arten die Habitatinsel nicht wiederbesiedeln. Nur die Heideschnecke (*Helicella itala*), die im Gegensatz zu den anderen Arten auch im Winter aktiv ist, kann während der kalten Jahreszeit die isolierenden Flächen von 5 Metern Breite problemlos überqueren und wurde daher von der Fragmentierung nicht beeinflusst.

Es scheint also von den Eigenschaften der einzelnen Arten abzuhängen, ob sie sich in den Fragementen halten können oder nicht. Während manche Arten auch weiterhin in den Habitatinseln leben werden, verschwinden andere infolge verschlechterter Lebensbedingungen. Ob diese Artverschiebungen die Funktionalität des Ökosystems beeinträchtigt, hängt vor allem von der Rolle der betroffenen Arten im Beziehungsnetz der Lebensgemeinschaft ab.

Keine Chance für Schnecken
Für viele Schneckenarten hat bereits eine kleinräumige Lebensraumzerschneidung katastrophale Folgen.

Mangelware Pollen

Nicht nur Tiere, auch Pflanzen leiden unter der Verinselung von Biotopen. So konnte Jasmin Joshi (1994) feststellen, dass die dominierende Grasart der Kalkmagerrasen, die Aufrechte Trespe (*Bromus erectus*), bereits im ersten Jahr des Fragmentierungsexperimentes innerhalb der ungemähten, isolierten Restflächen zwar gleichviel Samenanlagen entwickelte wie Pflanzen aus Kontrollflächen, dann aber deutlich weniger reife Samen ausbildete. Als rein windbestäubte Art, die zudem nicht in der Lage ist, sich selbst zu bestäuben, scheint fremder Pollen in den isolierten Fragmenten zur Mangelware geworden zu sein. Der Pollen von benachbarten Individuen innerhalb des Fragments ist offensichtlich kein gleichwertiger Ersatz: Da nebeneinander liegende Pflanzen mit grosser Wahrscheinlichkeit zum selben Individuum gehören oder zumindest verwandt sind, bestehen die Pollen aus gleichem oder ähnlichem genetischen Material, das die Trespe zur Vermeidung von Inzucht nur begrenzt zur Bildung von Samen akzeptiert.

Damit hat Jasmin Joshi gezeigt, dass die Verinselung von Biotopen einzelne Glieder einer Lebensgemeinschaft auf sehr subtile Weise negativ beeinflussen kann. Diese Vorgänge können im Laufe der Zeit durchaus zu einer Veränderung der Vegetationszusammensetzung führen und fragmentierte Lebensgemeinschaften aus dem Gleichgewicht bringen.

Allerdings scheinen nicht alle Arten gleich zu reagieren: Der gewöhnliche Hornklee (*Lotus corniculatus*) zeigte im ersten Jahr des Fragmentierungsexperimentes keine Veränderungen im Samenansatz in den isolierten Flächen. Im Gegensatz zur Aufrechten Trespe wird der gewöhnliche Hornklee aber von Bienen und Hummeln bestäubt, die die Distanz von fünf Metern zwischen den Fragmenten überwinden können. Bei anderen Pflanzenarten mit empfindlicheren Bestäubern könnte sich dagegen eine herabgesetzte Fruchtbarkeit bereits bei geringer Isolation einstellen.

Von Schmetterlingen verschmäht

Die Intensivierung der Landwirtschaft in den vergangenen 50 Jahren hatte verheerende Folgen auf die einheimische Schmetterlingsfauna: Mittlerweile halten Fachleute 40 Prozent aller Schmetterlingsarten für gefährdet. Aber nicht nur der Verlust geeigneter Biotope, auch die Verinselung der Landschaft scheint den Schmetterlingen in Magerwiesen schwer zuzusetzen – und das, obwohl sie zu den mobilsten Gliedern der Lebensgemeinschaft zählen. Dieses überraschende Resultat haben Beobachtungen der experimentell fragmentierten Versuchsflächen ergeben: Während in der unberührten Wiese 29 Arten gezählt werden konnten, waren es in den Fragmenten lediglich 19 (Samuel Zschokke und andere 1999). Die kleinräumige Fragmentierung begrenzt aber nicht nur die Vielfalt der Arten, sondern auch die Frequenz, mit der die 19 noch vorkommenden Arten die Biotopinseln anfliegen. Bereits im ersten Jahr der Verinselung zählten Hans-Peter Rusterholz, Andreas Erhardt und Bruno Baur (1999) in den Fragmenten beträchtlich weniger Schmetterlinge als in den Kontrollflächen.

Die nächstliegende Erklärung für das Ausbleiben der Schmetterlinge wäre ein Verlust an Blütenvielfalt in den Fragmenten, wodurch diese an Attraktivität einbüssen würden. Das Gegenteil war allerdings der Fall: Zwei Jahre nach der künstlichen Fragmentierung stieg die Zahl der Blüten in den Fragmenten im Vergleich zu den Kontrollflächen signifikant an – eine Folge der veränderten Umweltbedingung innerhalb der isolierten Biotopinseln (siehe nächstes

Kapitel). Erst die genaue Beobachtung des Verhaltens einzelner Individuen in und um die Fragmente hat gezeigt, wieso die Schmetterlinge die Fragmenten meiden: Fast 46 Prozent der über die gemähte Fläche anfliegenden Schmetterlinge kehren nach wenigen Dezimetern in die unberührte Wiese zurück – erreichen die Fragmente also nie (Hans-Peter Rusterholz, Andreas Erhardt und Bruno Baur 1999). Fast 20 Prozent fliegen lediglich entlang der Ränder der gemähten Wiese und sechs Prozent überqueren zwar die Versuchsfläche, legen aber keinen Zwischenstopp ein. Gerade einmal 28 Prozent der in Richtung Versuchsanordnung fliegenden Insekten landen in den Fragmenten.

Das Zusammenbrechen der Schmetterlingszahlen in den Biotopinseln ist demnach keine Folge der veränderten Umweltbedingungen innerhalb der Fragmente – die sich für die Tiere infolge der gestiegenen Blütenzahlen sogar verbessert haben – sondern eine direkte Konsequenz der Isolation: Bereits die nur kleinräumig gemähten Flächen werden von den Schmetterlingen als Barriere empfunden und nur ungern überflogen. Dies hat nicht nur für die Schmetterlinge negative Auswirkungen, sondern auch für die Beziehungen zwischen Pflanzen und Schmetterlingen: Bestimmte Pflanzenarten sind von der Bestäubung durch Schmetterlinge abhängig; fehlen die Bestäuber, sinkt die Fortpflanzungsrate der fragmentierten Pflanzen.

FRAGMENTE VERWAIST

Einfluss der experimentellen Habitatfragmentierung auf die Verteilung von Schmetterlingen: Immer weniger Schmetterlinge finden sich in den Fragmenten. (** P < 0,001 und *** P < 0,0001) (Rusterholz und andere 1999).

Der Gewinner ist ein Parasit

Die Fragmentierung scheint nicht nur einzelne Arten zu betreffen, sondern ein ganzes Beziehungsgefüge. Und es ist zu befürchten, dass weitere Wechselwirkungen unter der Verinselung von Biotopen leiden. Kathleen Groppe und andere (1999) haben deshalb die Beziehung zwischen einem Parasiten und einer Pflanzenart unter veränderten Umweltbedingungen untersucht. Als Studienobjekt diente die Aufrechte Trespe und der Erstickungsschimmel, ein pathogener Pilz mit dem wissenschaftlichen Namen *Epichloë bromicola*. Beobachtungen auf der Magerwiese in Nenzlingen zeigten, dass der Pilz während des überwiegenden Teils seines Lebenszyklusses die Trespe kaum schädigt. Im Gegenteil: Die Pilzinfektion hält Kühe und andere Tiere davon ab, die Pflanze abzufressen und schützt sie vor der Austrocknung an heissen Tagen. Zur Blütezeit des Grases kann der Pilz aber seine parasitische Lebensweise entfalten: Der Pilz umschliesst mit seinem Stroma genannten Fruchtkörper den sich entwickelnden Blütenstand des Grases, das er dadurch sterilisiert. Die Aufrechte Trespe kann dann keine Samen bilden und muss sich vegetativ fortpflanzen.

Wie wirkt sich eine Fragmentierung auf dieses fragile Gleichgewicht aus? Eine Auszählung aller Blütenstände innerhalb der 48 Fragmente sowie innerhalb der 48 Kontrollflächen hat ergeben, dass die Anzahl sterilisierter Trespen in den isolierten Flächen um durchschnittlich 30 Prozent erhöht ist (Groppe und andere 1999). Damit nicht genug: Die Pilze in den Fragmenten sind deutlich fruchtbarer.

Als Ursache dieser für die Trespe nachteiligen Effekte kommt nicht nur die Verkleinerung von Populationen in Frage, sondern auch die veränderten Umweltbedingungen, mit denen die Organismen in den Fragmenten konfrontiert sind. Dies gilt insbesondere für die Temperaturen: Während in einer zusammenhängenden Wiese die Temperaturen nicht über 27°C ansteigen, können in den an die Fragmente angrenzenden gemähten Flächen bis zu 36°C gemessen werden (Zschokke und andere 1999). Diese Extremtemperaturen beeinflussen auch die Lebensbedingungen innerhalb der Fragmente – zum Vorteil des Erstickungsschimmels: Der äusserst trockentolerante Pilz kann mit der Hitze besser umgehen als seine Wirtspflanze und geht gestärkt aus Trockenperioden hervor. Dieser Vorteil führt dazu, dass der Pilz häufiger die den Grasblütenstand

umschliessenden Stromata ausbildet und die Pflanzen sterilisiert. Immer häufiger dominiert die parasitische Lebensweise des Erstikkungsschimmels. Für die Aufrechte Trespe bleibt das nicht ohne Folgen: Befallene Pflanzen können absterben, worauf die Populationsgrösse der Grasart zu sinken droht. Da die Aufrechte Trespe die dominierende Pflanzenart in den Magerwiesen ist, wird dieser Prozess nicht ohne Folgen für die anderen Glieder des Ökosystems sein.

Dezimierte Magerwiesenflora

Die Ergebnisse des Habitatfragmentierungsexperimentes belegen, dass das Überleben von Tier- und Pflanzenpopulationen in kleinen, isolierten Biotopinseln besonders stark gefährdet ist. Zudem konnten die Forschenden des Biodiversitätsprojektes wesentliche ökologische Veränderungen im Beziehungsnetz der Lebensgemeinschaft aufdecken, die zur weiteren Schmälerung der biologischen Vielfalt führen.

In der freien Natur erstrecken sich die einzelnen Populationen allerdings über grössere Flächen als die im Experiment untersuchten. Die Wissenschafterinnen und Wissenschafter mussten daher auch die Auswirkungen der Verinselung in grösserem Massstab untersuchen. Wiederum boten sich die Magerwiesen der Nordwestschweiz an: Zu Beginn dieses Jahrhunderts noch weit verbreitet, führte die Einführung von Herbiziden, Pestiziden, Kunstdüngern sowie die Mechanisierung der Landwirtschaft seit den 1950er Jahren zu einem raschen Rückgang und zu einer Verinselung dieses artenreichen Wiesentyps. Heute findet man in der Nordwestschweiz nur noch etwa ein Viertel der um 1950 noch vorhandenen Magerwiesen, und die heutigen Fragmente in landwirtschaftlichen Randbereichen sind kleiner als die früheren Flächen. Auch wenn ein geeigneter Lebensraum in der Nähe vorkommt, ist den Pflanzen der Weg dorthin durch Strassen, Eisenbahntrassen, Zäune, Wohnsiedlungen und Intensivkulturen abgeschnitten. Der Fortbestand vieler auf Magerwiesenstandorte spezialisierter Arten hängt deshalb vom Überleben in kleinen und kleinsten isolierten Habitatresten ab.

Um die Entwicklung von Pflanzenarten in 26 isolierten Magerwiesen im Schweizer Jura zu untersuchen, benutzten Markus Fischer und Jürg Stöcklin (1997) Vegetationsaufnahmen, die von Heinrich Zoller vom Botanischen Institut der Universität Basel um 1950 und dann von Diplomierenden an den gleichen Standorten um 1985 aufgenommen wurden. Obwohl sich die Nutzung der untersuchten Wiesen nachweislich kaum geändert hat, haben die Biologen eine hohe Aussterberate lokaler Pflanzenbestände festgestellt: Insgesamt 462 von 1181 Populationen fehlten bei der jüngeren Aufnahme, wobei die Wahrscheinlichkeit, 1985 nicht mehr in der Lebensgemeinschaft präsent zu sein, dann am höchsten war, wenn die Populationen bereits 1950 sehr niedrige Bestandsdichten aufgewiesen hatten.

Diese Resultate sind von grosser Bedeutung, da sie zeigen, dass selbst der allerbeste Schutz der verbliebenen Magerwiesenreste keine Garantie für den Erhalt aller Pflanzenarten ist. Das Leben seltener Arten in kleinen, isolierten Fragmenten scheint äusserst riskant zu sein: Die kleinen Bestände sind nämlich anfälliger gegen eine Vielzahl zufälliger Ereignisse (Diethart Matthies, Bernhard Schmid & Paul Schmid-Hempel 1995). Schuld daran sind vor allem Schwankungen der Umweltbedingungen, etwa des Klimas. Aber es kann zum Beispiel auch passieren, dass eine Art, die nur noch mit zehn Individuen an einem Standort vertreten ist, ohne äussere Ursache zufällig ausstirbt (siehe folgendes Kapitel). Insbesondere seltene Pflanzenarten mit kurzem Lebenszyklus und geringer Vertretung in der Samenbank des Bodens, also Arten, die nur schlecht gegen Umweltschwankungen und Zufallsereignisse gepuffert sind, werden mit besonders hoher Wahrscheinlichkeit aus den Lebensgemeinschaften verschwinden. Und tatsächlich: Die erloschenen Populationen gehörten in der Mehrzahl zu ein- bis zweijährigen Arten oder zu Arten, deren Samen nur wenige Jahre im Boden überleben können (Jürg Stöcklin & Markus Fischer 1999). Infolge der extremen Verinselung der Magerrasen sind viele Pflanzenarten nicht mehr in der Lage, die isolierten Biotope wiederzubesiedeln (Markus Fischer und Diethart Matthies 1998a).

Der Zufall macht seltenen Arten den Garaus

Arten setzen sich aus genetisch unterschiedlichen Individuen zusammen. Diese Vielfalt bildet die Voraussetzung für die Anpassungsfähigkeit einer Population an veränderte Umweltbedingungen. Je grösser die genetische Vielfalt eines Bestandes, desto grösser ist auch die Chance, dass sich geeignete Gene und Genotypen im Bestand befinden, um die neuen Bedingungen zu meistern.

Geht ein Bestand verloren, gefährdet dies auch das Überleben verbleibender Bestände, da durch die Schmälerung der genetischen Vielfalt das Anpassungspotential der Art leidet. Werden die Restbestände durch Habitatfragmentation noch zusätzlich voneinander isoliert, wird damit der Austausch von Genen zwischen den Populationen unter Umständen fast vollständig unterbunden. Damit fängt in kleinen Populationen der Verlust an genetischer Vielfalt erst richtig an: Immer häufiger bestimmt der Zufall, welche Individuen Erbgut weitergeben. So kann es passieren, dass eine Pflanze einer seltenen Art sich mit einer an den Standort schlecht angepassten Pflanze fortpflanzt, nur weil aufgrund der geringen Bestandsdichte kein anderer Fortpflanzungspartner zur Verfügung stand. Dieser als «genetische Drift» bezeichnete Effekt kann in kleinen Populationen zu einer Ansammlung ungünstiger Mutationen und zu einer Verringerung der genetischen Vielfalt führen. Damit steigt die Wahrscheinlichkeit, dass sich genetisch ähnliche Individuen miteinander paaren. Diese Entwicklung führt zu Inzucht, die die Vitalität kleiner Populationen massiv beeinträchtigen kann (Markus Fischer und Diethart Matthies 1997).

Inzucht beim Deutschen Enzian

Neben zufälligen Umweltschwankungen könnten die von Markus Fischer und Jürg Stöcklin (1997) beobachteten Aussterbeereignisse in Kalkmagerrasen insbesondere bei kleinen Populationen durchaus durch Inzucht verursacht gewesen sein. Am Beispiel des kurzlebigen und seltenen Deutschen Enzians (*Gentianella germanica*) haben Markus Fischer und Diethart Matthies (1998b) in 23 fragmentierten Kalkmagerwiesen im Schweizer Jura sowie im Südwesten Deutschlands genetische Prozesse untersucht. Die Populationsgrössen unterschieden sich markant und reichten von 40 bis 5000 Pflanzen pro Bestand. Um Effekte der Grösse der Populationen des Deutschen Enzians feststellen zu können, mussten zunächst die Fortpflanzungsrate sowie die Populationswachstumsrate der einzelnen Bestände miteinander verglichen werden.

Es zeigte sich, dass die Populationsgrösse einen starken Einfluss auf die Fortpflanzung des Deutschen Enzians hatte: Pflanzen kleiner Bestände produzierten signifikant weniger Samen pro Frucht als solche grosser Populationen. Die Fruchtbarkeit – gemessen an der Anzahl Samen pro Pflanze – war in kleinen Populationen um das Vierfache niedriger als in grossen Populationen. Diese Vor-

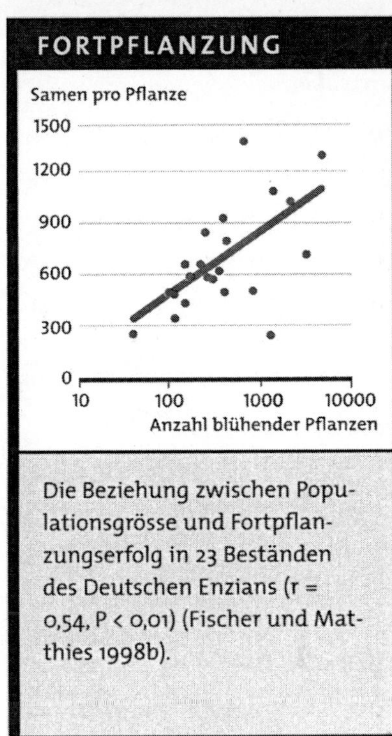

Die Beziehung zwischen Populationsgrösse und Fortpflanzungserfolg in 23 Beständen des Deutschen Enzians (r = 0,54, P < 0,01) (Fischer und Matthies 1998b).

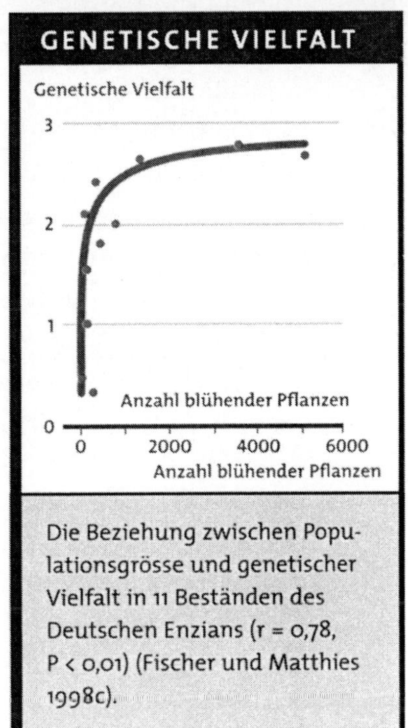

Die Beziehung zwischen Populationsgrösse und genetischer Vielfalt in 11 Beständen des Deutschen Enzians (r = 0,78, P < 0,01) (Fischer und Matthies 1998c).

gänge blieben nicht ohne Konsequenzen für die Wachstumsrate der einzelnen Populationen: Während die Populationen kleiner Bestände rückläufig waren, konnten sehr grosse Populationen einen Zuwachs verbuchen.

Diese Resultate sind aber noch kein ausreichender Beweis dafür, dass Inzucht am Werk ist. Unterschiede in der Biotopqualität der einzelnen Standorte sowie Störungen von Pflanzen-Bestäuber-Beziehungen hätten ebenso für die beobachteten Probleme der kleinen Bestände des Deutschen Enzians verantwortlich sein können. Mit Hilfe eines Experiments konnten Markus Fischer & Diethart Matthies (1998b) jedoch diese Faktoren ausschliessen: Sie sammelten Samen von Individuen des Deutschen Enzians aus den verschiedenen Populationen und säten sie unter einheitlichen Bedingungen in einem Versuchsgarten aus. Es zeigte sich, dass Pflanzen aus Samen von grossen Populationen weit besser überlebten als solche aus Samen kleiner Bestände. Dies ist ein deutlicher Hinweis darauf, dass nicht die Habitatqualität der Ursprungspopulationen für die Vitalitätsunterschiede verantwortlich ist. Ebenso ist auszuschliessen, dass eine Änderung biotischer Wechselwirkungen zwischen dem Deutschen Enzian und seinen Bestäubern für das beobachtete Muster verantwortlich war. Diese Erkenntnisse belegen,

Kleine Populationen des Deutschen Enzians scheinen ihre Vielfalt offenbar durch «genetische Drift» weitgehend verloren zu haben.

dass die beobachteten Vitalitätsunterschiede zwischen Pflanzen aus Populationen verschiedener Grösse auf einer genetischen Grundlage beruhen. Den endgültigen Beweis für diese Hypothese erbrachten genetische Analysen (Markus Fischer und Diethart Matthies 1998c): Das Ausmass der genetischen Variabilität in den Populationen stieg mit der Anzahl der Individuen pro Standort (siehe Abbildung). Kleine Populationen des Deutschen Enzians scheinen ihre Vielfalt offenbar durch «genetische Drift» weitgehend verloren zu haben.

Leider ist der Deutsche Enzian keine Ausnahme: Marc Kéry, Diethart Matthies und Hans-Heinrich Spillmann (1999) entdeckte bei kleinen Populationen der Wiesen-Schlüsselblume (*Primula veris*) ebenfalls genetische Probleme. Die Aussaat von Samen unterschiedlich grosser Populationen in einem Versuchsgarten ergab im Gegensatz zum Deutschen Enzian zwar keine signifikanten Unterschiede bezüglich der Keimungsrate, jedoch waren die entstehenden Rosetten von Individuen kleiner Populationen wesentlich kleiner als diejenigen grosser Populationen.

All diese Ergebnisse unterstützen die These, dass genetische Faktoren für den Naturschutz von Bedeutung sind und dass Veränderungen der genetischen Struktur durch Habitatfragmentierung das Fortbestehen von Tier- und Pflanzenpopulationen schon auf mittlere Sicht gefährden können.

Dem Untergang geweiht

Um sich vor einer Selbstbestäubung und damit vor den negativen Folgen von Inzucht zu schützen, haben viele Pflanzenarten Mechanismen entwickelt, die die Fremdbestäubung fördern oder erzwingen sollen. Einer dieser Mechanismen ist die sogenannte «Distylie», bei der innerhalb einer Art zwei verschiedene, genetisch verankerte Blütentypen gebildet werden, nämlich Blüten mit kurzen Griffeln und Blüten mit langen Griffeln. Da eine Befruchtung nur zwischen zwei Pflanzen mit unterschiedlichem Blütentyp zustande kommen kann, ist die Distylie mit der Existenz zweier Geschlechter vergleichbar. So sind denn auch beide Typen innerhalb einer grossen Population annähernd gleich häufig.

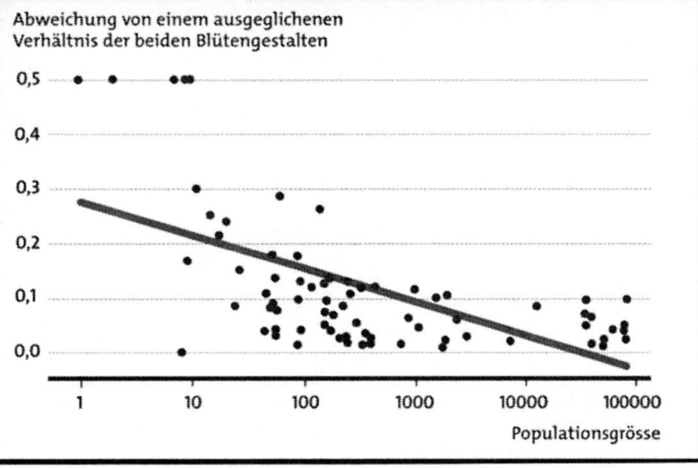

Der Zusammenhang zwischen Populationsgrösse und der Abweichung von einem ausgeglichenen Verhältnis zweier Blütengestalten in 76 Beständen bei der Wiesenschlüsselblume. Bestände mit einem Verhältnis von 0,5 weisen lediglich noch einen Blütentyp auf und müssen bereits als ausgestorben angesehen werden (r = −0,61, P < 0,001) (Kéry und andere 1999).

Marc Kéry, Diethart Matthies und Bernhard Schmid (1999) haben jedoch festgestellt, dass dies in kleinen Populationen keineswegs immer der Fall ist. Ihre Untersuchung von 76 unterschiedlich grossen Beständen der Wiesen-Schlüsselblume (*Primula veris*) im Schweizer Jura und im französischen Sundgau hat ergeben, dass zwar das Verhältnis der beiden Blütentypen über alle Populationen gemittelt den zu erwartenden Wert von 1:1 aufwies. Vor allem innerhalb einzelner kleiner Populationen ergab sich aber ein völlig anderes Bild: In fast 18 Prozent der Populationen wich das Verhältnis der Häufigkeit der Blütentypen signifikant vom Erwartungswert ab, wobei die Wahrscheinlichkeit, kein ausgeglichenes Verhältnis aufzuweisen, bei kleinen Populationen am grössten war. Ist jedoch dieses Verhältnis nicht mehr ausgewogen, kann die Fortpflanzungsrate sinken und damit das Aussterberisiko steigen. Und genau dies haben die Forscher in kleinen Beständen der Wiesen-Schlüsselblume festgestellt: Individuen kleiner Populationen produzieren im Vergleich zu grossen Beständen tatsächlich weniger Samen und weniger Früchte (Marc Kéry, Diethart Matthies und Hans-Heinrich Spillmann 2000).

Besonders dramatisch war die Situation in 6 Prozent der Pflanzenbestände, in denen die Forschenden lediglich noch einen Blütentyp vorfanden: Solche Populationen sind dem Untergang geweiht, weil sie sich nicht mehr fortpflanzen können und aufgrund der Isolation der meisten Bestände eine Einwanderung neuer Pflanzen unwahrscheinlich ist.

Keine Art lebt für sich alleine

Dass das Schicksal einer Art auch vom Geschick anderer Arten abhängen kann, zeigt das Beispiel des raren Kreuz-Enzians (*Gentiana cruciata*) und des noch viel selteneren Enzian-Bläulings (*Maculinea rebeli*). Beide Arten sind vom Aussterben bedroht und leben vor allem noch auf Kalkmagerrasen. Interessanterweise legt der Schmetterling seine Eier ausschliesslich auf den jungen Blühtrieben des Kreuz-Enzians ab. Die Raupen entwickeln sich zunächst in den Blütenknospen und fressen dort Teile der sich entwickelnden Früchte. Nach einer gewissen Zeit lassen sie sich auf den Boden fallen, wo sie mit etwas Glück von Ameisen der Art *Myrmica schencki* gefunden werden. Die Bläulingsraupen täuschen dabei durch bestimmte chemische Botenstoffe (Pheromone) vor, Ameisenlarven zu sein und werden daher von den Ameisen schnurstracks ins Nest getragen. Hier werden die Raupen 10 Monate lang wie Ameisenlarven durchgefüttert, verpuppen sich und schlüpfen im Frühling als Schmetterling aus. Allerdings funktioniert dieses Täuschungsmanöver nur mit dieser einen Ameisenart. Finden andere Ameisen die Raupen, nehmen sie sie zwar auch mit, vernachlässigen den Bläulingsnachwuchs aber meist völlig und lassen ihn verhungern.

Damit der Bläuling an einem Standort überleben kann, braucht er die Anwesenheit zweier Arten. Darüber hinaus bedarf die Population des Kreuzenzians einer bestimmten Mindestgrösse. So konnten Marc Kéry, Diethart Matthies und Markus Fischer (1999)

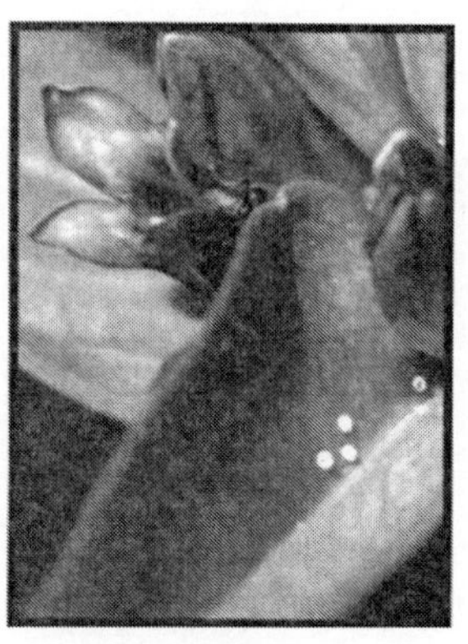

Kreuzenzian mit Eiern des Enzian-Bläulings

Ein dezimierter Enzianbestand zieht einen kleineren Bläulingsbestand nach sich.

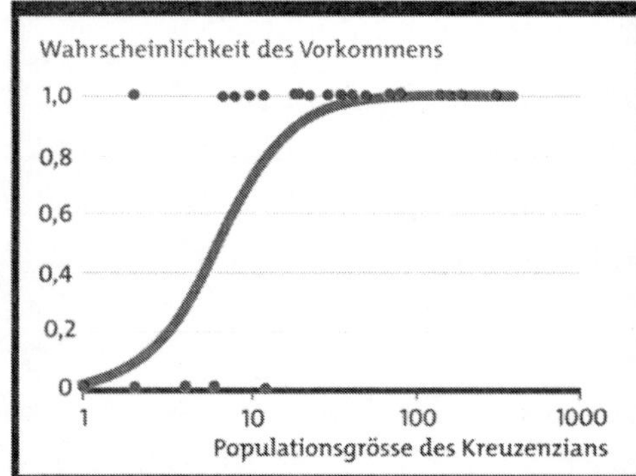

ABHÄNGIGER ENZIANBLÄULING

Der Zusammenhang zwischen der Populationsgrösse des Kreuzenzians und der Wahrscheinlichkeit des Vorkommens des Enzianbläulings. Die Punkte bezeichnen einzelne Populationen des Enzians, die entweder eine Population des Bläulings aufweisen (1,0) oder nicht (0). Die Kurve stellt den idealisierten Zusammenhang dar (Kéry und andere 1999).

in einer Untersuchung auf Kalkmagerrasen im Jura zeigen, dass die Grösse einer Bläulingspopulation von der Grösse des Enzianbestandes abhängig ist: Grössere Enzianvorkommen beherbergen auch grössere Bläulingsbestände. Die Wahrscheinlichkeit, dass Bläulinge überhaupt vorkommen, ist von der Grösse der Enzianpopulation abhängig. Erst bei einem Enzianbestand von etwa 21 Pflanzen konnte mit 95 Prozent Wahrscheinlichkeit ein Vorkommen des Bläulings gefunden werden. Das bedeutet, dass kleine Enzianpopulationen seltener von Bläulingen neu besiedelt werden. Gleichzeitig zieht ein dezimierter Enzianbestand einen kleineren Bläulingsbestand nach sich. Dieses Beispiel zeigt auf eindrückliche Weise, dass Auswirkungen der Landnutzung auf eine bestimmte Art indirekt auch andere Spezies in einem Ökosystem in Mitleidenschaft ziehen können. So kann der Tod einer Art eine ganze Reihe weiterer Spezies mit ins Verderben reissen.

Kohlendioxid – die neue Gefahr

steigende Kohlendioxidkonzentrationen heizen das Klima auf und sind dadurch eine Gefahr für die Biodiversität. Doch nicht genug damit. Das Treibhausgas stellt für viele Pflanzen auch einen Dünger dar. Forschende des Biodiversitätsprojektes sind diesem Phänomen in weltweit einmaligen Experimenten unter natürlichen Bedingungen auf den Grund gegangen. Sie haben herausgefunden, dass erhöhte Kohlendioxidwerte die Artenzusammensetzung der Flora massiv stören und insbesondere seltene Arten in Bedrängnis bringen. Betroffen sind aber auch pflanzenfressende Tiere, da sich die Zusammensetzung ihrer Futterpflanzen verschlechtert. Daher ist besonders wichtig, die genetische Vielfalt der Arten zu erhalten, weil sie den Pflanzen erlaubt, sich an die sich wandelnden Umweltbedingungen anzupassen.

Überdüngte Luft

In den vergangenen 200 Jahren hat der Gehalt an Kohlendioxid in der Erdatmosphäre infolge der Nutzung fossiler Brennstoffe wie Kohle, Erdöl und Erdgas sowie wegen der weltweiten Waldzerstörung stetig zugenommen, nämlich von 280 auf 363 ppm* mit einer derzeitigen Erhöhungsrate von 1,8 ppm pro Jahr. In spätestens 100 Jahren werden wir mit einer Verdopplung der Kohlendioxidkonzentration rechnen müssen. Der Kohlendioxidgehalt wird dann einen Wert überschreiten, der in den letzten Jahrmillionen nicht einmal annähernd erreicht wurde. Auch die Schweiz trägt massiv zur Anreicherung der Atmosphäre mit Kohlendioxid bei: Jährlich gelangen bei uns 12,5 Millionen Tonnen Kohlenstoff aus fossilen Energieträgern in die globale Luftzirkulation.

Wissenschafter aus der ganzen Welt sind sich weitgehend einig,

*ppm = «parts per million» oder Anzahl Teile pro Million Teile

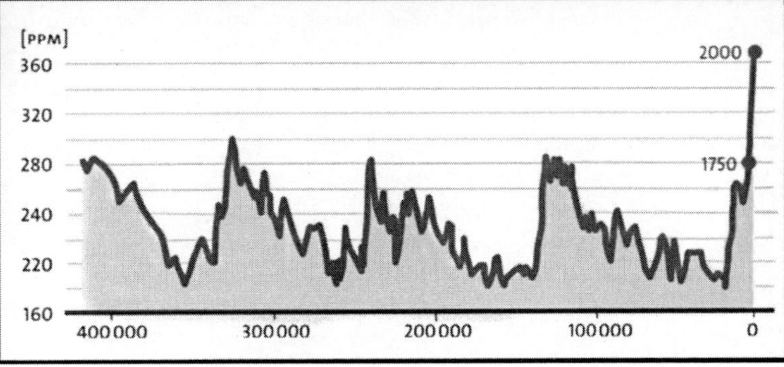

dass die Zunahme des Kohlendioxides das Weltklima und die Biosphäre beeinflusst. Während aber die Klimaerwärmung im Zentrum der öffentlichen Diskussion steht (siehe Kasten Seite 30), findet die direkte Wirkung der Kohlendioxid-Erhöhung auf Pflanzen und ganze Ökosysteme noch nicht die ihr gebührende Beachtung: Kohlendioxid ist nämlich der mengenmässig wichtigste Rohstoff für das Pflanzenwachstum.

Bei der Fotosynthese bauen Pflanzen aus Kohlendioxid und Wasser mit Hilfe von Sonnenenergie organische Substanzen auf. Mit dem globalen Anstieg der Kohlendioxidkonzentrationen hat der Mensch eine radikale Diätänderung herbeigeführt, die einerseits die Fotosynthese von Pflanzen stimuliert, andererseits aber andere Pflanzennährstoffe, die ja nicht vermehrt werden, stärker limitiert. Damit ist das Kohlendioxid unabhängig vom sogenannten Treibhauseffekt zu einer Risikogrösse für die Biodiversität geworden. Massive Veränderungen von Lebensgemeinschaften sind insbesondere dann zu erwarten, wenn die einzelnen Pflanzenarten unterschiedlich auf die Anreicherung reagieren: Die fehlende Chancengleichheit unter erhöhten Kohlendioxidwerten könnte dann langfristig zu veränderten Dominanzverhältnissen innerhalb der Pflanzenlebensgemeinschaften führen.

Bereits seit Jahrzehnten studieren Wissenschafter den Einfluss von erhöhten Kohlendioxidkonzentrationen auf Pflanzen in Gewächshausexperimenten. Allerdings sind die so gewonnenen Resultate nicht ohne weiteres auf die in Lebensgemeinschaften eingebetteten Arten in freier Natur übertragbar. Um die zu erwartenden Wirkungen des Kohlendioxid-Anstiegs in der Atmosphäre auf ein ganzes Ökosystem mit all seinen Wechselwirkungen zu verstehen, hat das Biodiversitätsprojekt daher ein aufwändiges Freilandexperiment gestartet. Weltweit wurden bisher lediglich vier

Weltweit wurden bisher lediglich vier ähnlich geartete Projekte durchgeführt.

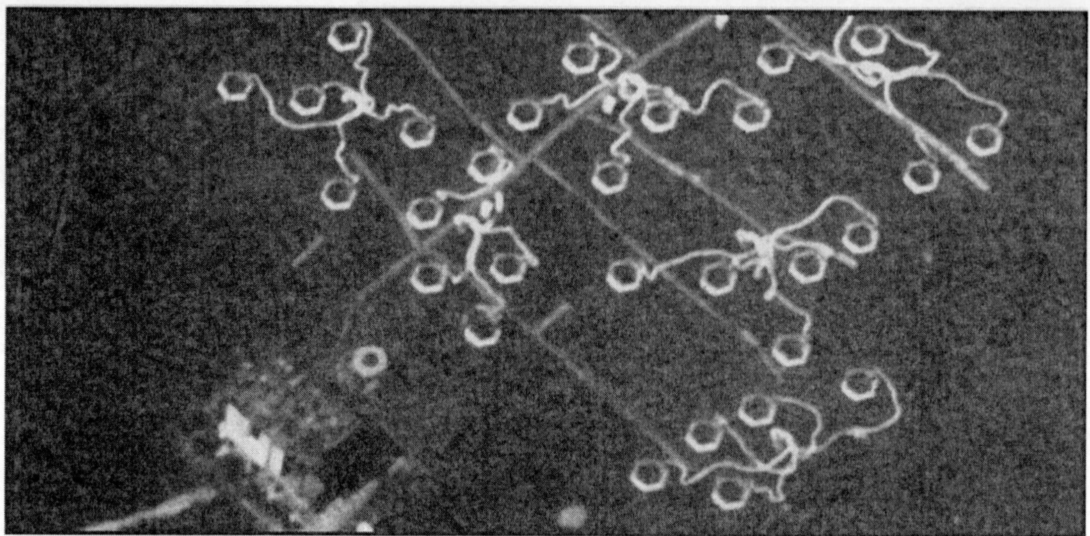

Aus der Luft betrachtet
Keine geheimnisvollen Zeichen von Ausserirdischen sondern das Kohlendioxidexperiment in Nenzlingen.

Windschirme
Experimentieranordnung zur Kohlendioxidanreicherung auf Kalkmagerrasen.

ähnlich geartete Projekte durchgeführt, die die Wirkung von erhöhten Kohlendioxidwerten auf natürliche Lebensgemeinschaften untersuchen. Die Arbeit des Schweizer Projektes ist von besonderer Bedeutung, da hier neben dem Kohlendioxid in der Luft auch die pflanzliche Artenvielfalt der Lebensgemeinschaften variiert und besonders viele Aspekte möglicher Folgen der Kohlendioxid-Erhöhung auf Lebensgemeinschaften und Ökosystemprozesse studiert wurden.

Allerdings war der Wechsel vom Blumentopf zum Ökosystem mit einem grossen technischen und logistischen Aufwand verbunden. Wie im Fragmentierungsexperiment wählte das Biodiversitätsprojekt einen Kalkmagerrasen als Modellsystem: Auf einer in der Gemeinde Nenzlingen im Laufentaler Jura gelegenen Magerwiese steckten die Forschenden 60 je 1,3 Quadratmeter grosse Versuchsflächen ab. Während 20 Areale als unberrührte Kontrolle dienten, wurden die restlichen mit sechseckigen Windschirmen bestückt. Diese durchsichtigen, 50 Zentimeter hohen Folienwände überragten die Gräser kaum, und da sie 7 Zentimeter über dem Boden endeten, war die Luftzirkulation und das Eindringen kleiner Tiere nicht behindert. Dennoch gewährleistete dieser Versuchsaufbau die Stabilisierung der Kohlendioxid-Konzentration in 20 Versuchsflächen, auf denen eine computergesteuerte Luftmischanlage etwa 600 ppm Kohlendioxid simulierte. In die verbliebenen 20 Kammern strömte Luft mit der zur Zeit bei uns herrschenden «normalen» Kohlendioxidkonzentration. Ein kleines Feldlaboratorium überwachte Tag und Nacht die chemische Zusammensetzung der Luft.

Nicht nur die Kohlendioxidwerte wurden experimentell manipuliert, sondern in einzelnen Flächen auch die Diversität der Vegetation: So enthielten 36 Versuchsflächen keine natürliche Magerrasengesellschaft, sondern angepflanzte Bestände, in denen eine unterschiedliche Biodiversität simuliert wurde (31, 12 und 5 Pflanzenarten).

Opportunisten gewinnen

Schon vor über hundert Jahren wusste man, dass sich die pflanzliche Fotosyntheseleistung im Gewächshaus durch erhöhte Kohlendioxidkonzentration der Umgebungsluft steigern lässt. Diese Möglichkeit wenden Landwirte beim Pflanzenbau in Gewächshäusern an: Durch Anzucht bei 600 bis 1000 ppm Kohlendioxid kann beispielsweise die Ernte von Tomaten, Gurken und Tabak um etwa ein Drittel gesteigert werden. Nun haben aber wissenschaftliche Experimente gezeigt, dass die messbaren Einflüsse erhöhten Kohlendioxides umso schwächer ausfallen, je natürlicher die Versuchsbedingungen gehalten werden. Zahlreiche Fachleute erwarteten deshalb mit Spannung, welche Resultate das Schweizer Kohlendioxid-Experiment unter nahezu vollständig natürlichen Bedingungen hervorbringen würde.

Paul Leadley und andere (1999) haben dazu während vier Jahren jeweils im Sommer und Herbst die oberirdische Pflanzenmasse aus den Versuchsanlagen geerntet. Im ersten Jahr konnte keinerlei Unterschied zwischen den Flächen mit und ohne erhöhtem Kohlendioxidgehalt festgestellt werden. Erst im zweiten Jahr zeigten sich signifikante Veränderungen: Die Heuernte fiel in den mit Kohlendioxid angereicherten Flächen um 20 Prozent höher aus. In den beiden folgenden Jahren konnten 21 bzw. 29 Prozent mehr geerntet werden als von den unbehandelten Arealen, wobei der Zuwachs ab dem vierten Jahr wieder etwas zurückging. Auch natürliche Lebensgemeinschaften reagieren also auf die veränderte Zusammensetzung der Luft.

Allerdings trugen nicht alle Pflanzenarten in gleichem Ausmass zum Biomassezuwachs bei. Während der Gewöhnliche Hornklee (*Lotus corniculatus*) und die Schlaffe Segge (*Carex flacca*) um 270 bzw. 250 Prozent zulegten, konnte die Aufrechte Trespe (*Bromus*

250-prozentige Zunahme der Pflanzenmasse
Die Schlaffe Segge ist die grosse Gewinnerin erhöhter Kohlendioxidkonzentrationen in Kalkmagerrasen.

erectus) als die wichtigste Pflanzenart in diesem Ökosystem ihre Biomasse nur sehr geringfügig erhöhen. Der Kleine Wiesenknopf *(Sanguisorba minor)* zeigte überhaupt keine Reaktion auf die veränderte Umweltbedingung. Sechs Kleearten *(Trifolium spp.)* legten tendenziell sogar weniger Biomasse zu. Damit steht fest: Erhöhte Kohlendioxidwerte in der Luft vermögen die Artenzusammensetzung von Lebensgemeinschaften grundlegend zu verändern. Arten, die aus den veränderten Umweltbedingungen gestärkt hervorgehen, werden andere Arten, die keinen Vorteil aus der neuen Situation ziehen können, nach und nach verdrängen. Die neuen Konkurrenzverhältnisse werden zu einer völlig neuen Rollenverteilung innerhalb der Artgemeinschaft führen.

Pflanzen bekommen nasse Füsse

Die meisten Pflanzenarten stehen vor einem grundlegenden Dilemma: Die Aufnahme von Kohlendioxid ist mit dem Verlust von Wasser verbunden. Durch das Verändern der Grösse der Spaltöffnungen in den Blattoberflächen versuchen die Pflanzen den Kohlendioxid-Einstrom zu optimieren und gleichzeitig den Wasserdampfaustritt zu reduzieren. Botaniker umschreiben diesen Zwiespalt mit einem Lavieren zwischen Verhungern und Verdursten. Ohne die regulierende Tätigkeit der Spaltöffnungen wäre zwar die Fotosyntheserate höher, die Pflanze würde aber ständig Wasser verlieren und vertrocknen.

Eine höhere Kohlendioxidkonzentration der Umgebungsluft könnte es bestimmten Pflanzenarten ermöglichen, ihre Spaltöffnungen weniger weit zu öffnen, ohne Einbussen bei der Fotosynthese hinnehmen zu müssen. Um zu analysieren, inwieweit Pflanzen das Angebot, Wasser zu sparen, nutzen, haben Wolfgang Lauber und Christian Körner (1997) das Spaltöffnungs-Verhalten mehrerer Arten innerhalb der Kohlendioxid-Anreicherungsflächen untersucht. Wiederum beobachteten die Forscher grosse Unterschiede zwischen den Pflanzenarten: Während die Aufrechte Trespe ihre Spaltöffnungen signifikant stärker reduzierte, konnten bei anderen Arten keine oder viel geringere Reaktionen festgestellt werden. Als dominierende Art in der Magerwiesenlebensgemeinschaft blieb das Verhalten der Aufrechten Trespe nicht ohne Auswirkungen auf den

Bodenwasserhaushalt: Zeitweise lag der Wassergehalt in den mit Kohlendioxid angereicherten Versuchsflächen 22 Prozent über den Kontrollflächen – in einer Lebensgemeinschaft, deren Artenzusammensetzung auf der sommerlichen Austrocknung des Bodens basiert, kann das nicht ohne Konsequenzen für die Artenzusammensetzung bleiben (Pascal Niklaus, Dieter Spinnler und Christian Körner 1998).

Es entbehrt nicht einer gewissen Ironie, dass die Aufrechte Trespe eine eher an trockene Verhältnisse angepasste Art ist. Die Trespe spart Wasser – der dadurch erhöhte Bodenwassergehalt kommt aber Konkurrenzarten zugute, die lieber unter feuchteren Bedingungen leben und bis dahin eher ein Randdasein im trockengeprägten Magerwiesenökosystem gefristet haben. Dazu gehört zum Beispiel die Schlaffe Segge, die zu den Hauptgewinnern der veränderten Umweltbedingungen zählt. Damit ist die typische Artenzusammensetzung dieser Trockenwiesen gefährdet: Charakterarten werden seltener und schliesslich durch Arten verdrängt, denen die grössere Bodenfeuchte zusammen mit der Kohlendioxid-Düngung zusagt.

Pascal Niklaus, Dieter Spinnler und Christian Körner (1998) zeigen weiter, dass die feuchteren Böden unter erhöhtem Kohlendioxidgehalt eine ganze Lawine weiterer Prozesse in Gang setzen. So erwarten die Forscher, dass sich die Bodenporen zunehmend mit Wasser füllen. Die Zufuhr von Sauerstoff in die Böden erfolgt aber ausschliesslich über Bodenporen. Werden die Böden nun feuchter, verschlechtert sich ihre Durchlüftung. Bestimmte bodenbewohnende Bakterien sind unter solchen Bedingungen in der Lage, Nitrat über Lachgas zu freiem Stickstoff umzuwandeln. In der obersten Bodenschicht indes entweicht Lachgas noch vor der endgültigen Umwandlung in die Atmosphäre. Lachgas gilt aber nicht nur als sogenanntes Treibhausgas, das 200-mal wirksamer ist als Kohlendioxid, sondern steht auch im Verdacht, zur Zerstörung der Ozonschicht in der Stratosphäre beizutragen.

Weitere Kettenreaktionen erwarten die Wissenschafter, wenn sich das Verhalten bestimmter Schlüsselarten, die direkt oder indirekt für das Überleben vieler anderer Arten der Gemeinschaft eine wichtige Rolle spielen, tiefgreifend verändert. In Kalkmagerrasen zum Beispiel sind Regenwürmer in einer entscheidenden Position. Ihre wichtige Stellung widerspiegelt sich in der Biomasse der Tiere:

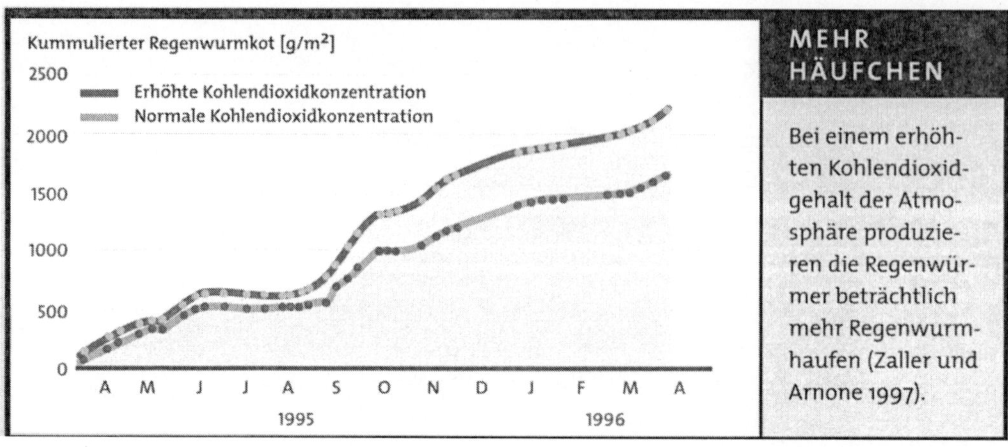

Pro Hektare leben 1,5 bis 10 Tonnen der Würmer im Untergrund; sie hinterlassen 20 bis 40 Tonnen Kotballen pro Jahr. Die im Boden wühlenden Erdfresser beeinflussen die physikalischen und chemischen Eigenschaften ihrer Umgebung, indem sie den Boden lockern und abgestorbene Pflanzenreste rasch abbauen und mineralisieren. Wichtige Nährstoffe stehen der Pflanzengemeinschaft in kürzester Zeit wieder zur Verfügung und halten die Produktivität der Lebensgemeinschaft auf einem bestimmten Niveau.

Da Regenwürmer äusserst empfindlich auf veränderte Bodenwassergehalte reagieren, könnte die Kohlendioxiderhöhung indirekt das Verhalten dieser Schlüsselgruppe beeinflussen. Johann Zaller und John Arnone (1997) haben dazu die Anzahl Kotballen zwischen Flächen mit normalem und erhöhtem Kohlendioxidgehalt verglichen. Es zeigte sich, dass die veränderte Luftzusammensetzung die Ablagerungsrate von Kotballen zeitweise um das Sechsfache gesteigert hat. Insgesamt standen den in einem Jahr gemessenen 2,2 Kilogramm Kotballen pro Quadratmeter in den mit Kohlendioxid behandelten Flächen lediglich 1,6 Kilogramm unter normalen Bedingungen gegenüber.

Diese Mengen entsprechen 1,3 bzw. 1,0 Prozent des Gesamtgewichtes des Oberbodens (bis 15 Zentimeter Tiefe). Das heisst, dass Regenwürmer unter den jetzigen Kohlendioxidkonzentrationen 100 Jahre benötigen, bis der Oberboden einmal den Darm der Erdbewohner durchwandert hat. Bei erhöhten Kohlendioxidwerten würde sich dieser Zeitraum auf 75 Jahre verkürzen, was langfristig

Veränderungen der bestehenden Nährstoffkreisläufe sowie eine generell bessere Verfügbarkeit wichtiger Nährstoffionen nach sich zieht. Für eine Lebensgemeinschaft, die durch eine markante Nährstoffarmut gekennzeichnet ist, bedeutet dies eine eher ungünstige Zukunftsperspektive. Johann Zaller und John Arnone zeigten zudem, dass die Wurmhäufchenmenge das Pflanzenwachstum in unmittelbarer Umgebung stimuliert und davon nur ganz bestimmte Arten profitieren. Und dies ist noch lange nicht das Ende der Kettenreaktion: Bemerkenswert ist, dass die oben erwähnte Lachgasemission mit der Regenwurmaktivität zusammenzuhängen scheint. Nur wenn Regenwürmer vorhanden waren, konnte dieses Phänomen beobachtet werden; Kohlendioxid alleine hatte diese Wirkung nicht.

Die Sache mit den Pilzen

Über 80 Prozent der Blütenpflanzen unterhalten über ihre Wurzeln enge Wechselbeziehungen mit Bodenpilzen. Wesentliches Merkmal dieser als «Mykorrhiza» bezeichneten Symbiose ist der wechselseitige Stoffaustausch der beteiligten Partner. Die heterotrophen Pilze entnehmen den Blütenpflanzen Kohlenhydrate und versorgen diese im Gegenzug mit Wasser und Mineralsalzen. Die von den Pflanzenwurzeln in alle Richtungen ausstrahlenden Pilzfäden vergrössern dabei die Kontaktfläche mit dem Boden. Dank ihrem kleinen Durchmesser können die Pilzfäden in enge Poren vordringen und diese für die Pflanzen erschliessen. Die Pilzsymbiose steigert dadurch die Stoffaufnahme erheblich. Das gilt besonders für den wichtigen Nährstoff Phosphor, der in Magerwiesen oft schlecht verfügbar ist.

Wie reagieren aber nun die Pilze darauf, dass manche ihrer Wirte unter erhöhtem Kohlendioxidgehalt der Luft erheblich an Biomasse zulegen und ihnen im Wurzelbereich mehr Kohlenhydrate zur Verfügunge stellen? Ian Sanders und andere (1998) untersuchten dazu die Vorgänge im Wurzelbereich der Gemeinen Brunelle (*Prunella vulgaris*). Die Gemeine Brunelle gehört zu jenen Pflanzenarten, die enorm an Biomasse zulegten – und das nicht nur oberirdisch, sondern auch unter der Erdoberfläche: Erhöhte Kohlendioxidwerte steigerten die Wurzelmasse auf das Doppelte. Noch ein-

Arten, die neben einem hohen Biomassezuwachs auch auf symbiontische Wurzelpilze zählen können, werden gestärkt in den neu entbrannten Konkurrenzkampf gehen.

Erstickungsschimmel
Mehr Kohlendioxid in der Luft lässt den parasitischen Pilz gedeihen – und behindert die Fortpflanzung der Aufrechten Trespe.

drücklicher zeigte sich die Reaktion der Pilzpartner, deren Fäden sich fünfmal weiter durchs Erdreich zogen.

Die Steigerung der Nahrungsration durch die Pflanze ermöglicht es den Pilzen, grosse Bodenbereiche zu erschliessen und so die Nährstoffversorgung der Wirte massiv zu erhöhen; benachbarten Pflanzenarten, die ohne Symbionten leben, kann dadurch die Nährstoffbasis entzogen werden. Arten, die neben einem hohen Biomassezuwachs auch auf symbiontische Wurzelpilze zählen können, werden also besonders gestärkt in den neu entbrannten Konkurrenzkampf unter erhöhten Kohlendioxidkonzentrationen gehen.

Wie schon der Habitatfragmentierungsprozess zeigt, können veränderte Umweltbedingungen noch eine Vielzahl weiterer spezifischer Wechselwirkungen beeinflussen. So zum Beispiel die parasitische Beziehung zwischen dem Erstickungsschimmel Epichloë und seinem Wirt, der Aufrechten Trespe: Die experimentelle Verinselung der Landschaft hat dem Parasiten einen Selektionsvorteil verschafft, und die Erhöhung der Kohlendioxidkonzentration scheint nun diesen Prozess noch zu verstärken. Kathleen Groppe und andere (1999) konnten zeigen, dass mehr Kohlendioxid in der Luft zu einem gesteigerten Wachstum des Pilzes und seines Fruchtkörpers um die Blütenanlagen der Aufrechten Trespe führt. Gleichzeitig scheinen gesunde Pflanzen bei veränderter Lurfzusammensetzung kleinere Blütenstände zu produzieren – mit negativen Folgen für die Fortpflanzung dieser Charakterart der Magerwiesen. Die Aufrechte Trespe gerät zunehmend in Bedrängnis: Sie wird nicht nur gegenüber dem Pilz zunehmend ins Hintertreffen geraten, sondern auch einer Vielzahl von Konkurrenzarten Platz machen müssen.

Harte Zeiten für seltene Arten

Viele seltene Pflanzenarten sind lediglich auf unproduktiven, nährstoffarmen Standorten wie den Kalkmagerrasen konkurrenz- und damit überlebensfähig. Die Erhöhung der Kohlendioxidkonzentration der Atmosphäre führt nun aber weltweit zu einer gesteigerten Produktivität und damit zu mehr Biomasse in den Lebensgemeinschaften. Neben der Intensivierung der Landwirtschaft und der Verinselung von Ökosystemen könnte dies das endgültige Aus für viele seltene Arten bedeuten, die den Grossteil der biolo-

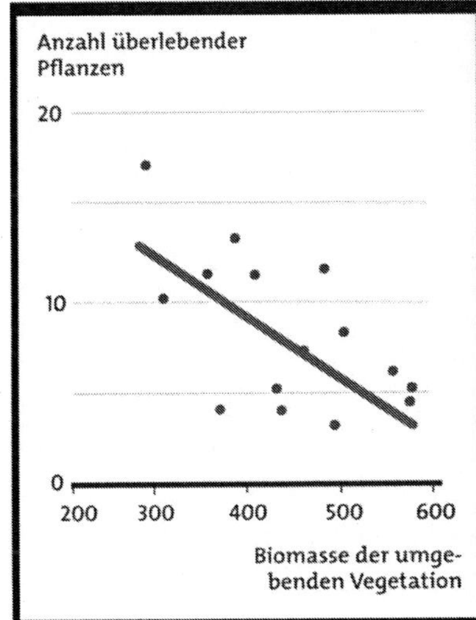

KONKURRENZSCHWACH

Der Effekt der Biomasse der umgebenden Vegetation auf das Überleben des Deutschen Enzians in zwölf Versuchsflächen des Kohlendioxid-Experiments: Je grösser die Biomasse der umgebenden Pflanzengemeinschaft, die von erhöhten Kohlendioxidwerten profitiert, desto kleiner die Überlebensrate des Enzians ($r = -0{,}67$, $P < 0{,}05$). (Fischer und andere 1997).

gischen Vielfalt ausmachen. Allerdings konzentrierten sich die meisten Internationalen Studien bisher auf häufige Pflanzenarten. Markus Fischer, Diethart Matthies und Bernhard Schmid (1997) haben deshalb gezielt die Reaktion des seltenen Deutschen Enzians auf erhöhte Kohlendioxidkonzentrationen untersucht. Dazu pflanzten sie einzelne Individuen in die künstlich artenreichen Pflanzengemeinschaften des Kohlendioxidexperimentes. Bereits nach einem Jahr zeigte sich, dass der Deutsche Enzian eine äusserst konkurrenzschwache Art ist: Lediglich 23 Prozent der Pflanzen in den Versuchsflächen mit normalem Kohlendioxidgehalt der Luft hatten überlebt. Noch weit schlimmer aber war das Resultat in den mit Kohlendioxid angereicherten Flächen, in denen sich nur gerade 10 Prozent der Individuen gegen die Konkurrenz behaupten konnten.

Je grösser die Biomasse der umgebenden Pflanzengemeinschaft, die insgesamt von erhöhten Kohlendioxidwerten profitiert, desto kleiner die Überlebensrate des Enzians. Ab einem Wert von 400 Gramm pro Quadratmeter umgebender Vegetation sinkt die Häufigkeit des Deutschen Enzians rapide. Zudem fällt die Samenproduktion des Deutschen Enzians bei erhöhter Biomasse der Umgebung wesentlich geringer aus, was mit einer durch die Konkurrenz limitierten Ressourcenverfügbarkeit zu erklären ist.

Die dramatisch verminderte Überlebensfähigkeit des Deutschen Enzians und die sinkende Fortpflanzungsrate lassen befürchten,

Die dramatisch verminderte Überlebensfähigkeit des Deutschen Enzians lässt befürchten, dass diese seltene Art bei steigenden Kohlendioxidgehalten innerhalb weniger Jahre ausstirbt.

dass diese seltene Art bei steigenden Kohlendioxidgehalten in der Atmosphäre innerhalb weniger Jahre ausstirbt. Und es gibt keinen Grund anzunehmen, weshalb dieses Szenario nicht auch für weitere seltene Arten gelten sollte. Die erhöhte Kohlendioxidkonzentration scheint die bisherigen Konkurrenzverhältnisse in den Lebensgemeinschaften aufzubrechen und umzustrukturieren – auf Kosten der biologischen Vielfalt.

Rettungsanker genetische Vielfalt

Arten wie der Deutsche Enzian können dem Aussterben nur dann entgehen, wenn sich innerhalb der Populationen Individuen befinden, die etwas andere, genetisch festgelegte Eigenschaften besitzen, die auf den erhöhten Kohlendioxidgehalt positiv ansprechen und der Art ermöglichen, gegenüber der Konkurrenz mitzuhalten. Genetische Vielfalt ist also gefragt, die eine evolutive Antwort auf die neue Umweltbedingung überhaupt erst zulässt.

Forschende des Biodiversitätsprojekts haben daher die genetische Variation bezüglich der Reaktion einzelner Arten auf erhöhtes Kohlendioxid untersucht. Da von den zu erwartenden globalen Umweltveränderungen alle Arten betroffen sein können, wurden sowohl häufige als auch seltene Arten gewählt. Thomas Steinger und andere (1997) nahmen sich die Aufrechte Trespe sowie innerhalb der Gattung *Prunella* die Gemeine und die Grossblütige Brunelle (*P. vulgaris* und *P. grandiflora*) vor, und Markus Fischer, Diethart Matthies und Bernhard Schmid (1997) untersuchten den Deutschen Enzian. In die künstlichen Pflanzengemeinschaften des Kohlendioxidexperimentes wurden dazu von jeder Art mehrere genetisch unterschiedliche Individuen – sogenannte Genotypen – gepflanzt.

Die Genotypen innerhalb der vier Arten zeigten dabei erstaunlich unterschiedliche Reaktionen. So zum Beispiel die beiden Prunella-Arten: Während die Sprosslänge bei manchen Individuen erheblich verlängert war, zeigten andere Genotypen ein vermindertes Sprosswachstum oder gar keine Reaktion. Diese Resultate weisen nicht nur auf eine hohe genetische Vielfalt dieser Arten bezüglich des Reaktionsvermögens auf erhöhte Kohlendioxidwerte hin, sondern zeigen auch, dass Populationen unter veränderten Umweltbedingungen eine gewisse evolutive Anpassungsfähigkeit ausspielen können. Allerdings sollten die Hoffnungen diesbezüglich nicht allzu hoch geschraubt werden: Insbesondere seltene Arten in kleinen Populationen – bei vielen Pflanzenarten heutzutage die Regel – verlieren laufend an genetischer Vielfalt (Markus Fischer und Jürg Stöcklin 1997) und eine Anpassung an neue Umweltverhältnisse wird damit immer unwahrscheinlicher. Zudem ist gemäss einem Modell von Bernhard Schmid, Andreas Birrer und Claire Lavigne (1996) zu befürchten, dass in vielen Fällen die evolutive Reaktion der einzelnen Arten mit der Geschwindigkeit der Kohlendioxiderhöhung nicht Schritt halten kann.

Balast im Futter

Die Reaktionen der Pflanzenwelt auf die Erhöhung der Kohlendioxidkonzentration der Atmosphäre lassen die Forschenden vermuten, dass schliesslich auch die Tiere betroffen sind. Dies insbesondere dann, wenn die Zunahme der Pflanzenmasse mit einer Veränderung ihrer Zusammensetzung einhergeht. Und dies scheint tatsächlich der Fall zu sein: Pascal Niklaus und andere (1998) haben festgestellt, dass der Kohlenstoffanteil in Pflanzen unter forcierten Kohlendioxidbedingungen zunimmt, während der relative Anteil an Stickstoff und anderer wichtiger Nährstoffe bei gleichbleibendem Gesamtgehalt zurückgeht. Die Pflanzen scheinen die vermehrte Verfügbarkeit von Kohlenstoff in der Luft dank-

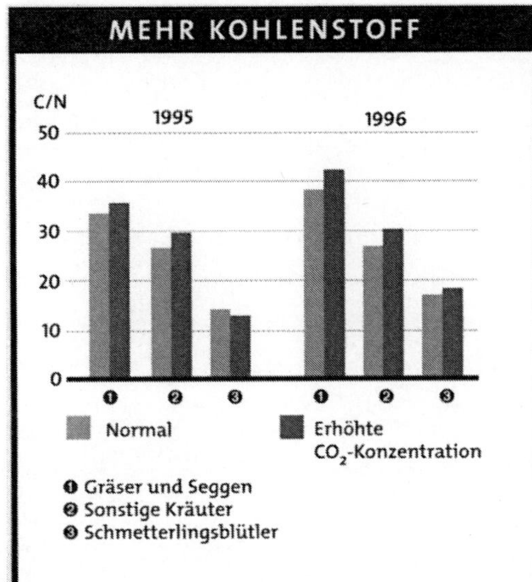

Das Kohlenstoff/Stickstoff-Verhältnis (C/N) in den oberirdischen Teilen verschiedener Organismengruppen unter gegenwärtigen (orange) und unter erhöhten Kohlendioxid-Konzentrationen (rot): Da der Stickstoffanteil in der Vegetation unter einem erhöhten Kohlendioxidgehalt der Atmosphäre sinkt, verschlechtert sich deren Futterwert. Erstaunlicherweise zeigten die Leguminosen (Schmetterlingsblütler), die mit Hilfe symbiontischer Bakterien Stickstoff aus der Luft fixieren können, keinerlei Reaktion auf erhöhte Kohlendioxidwerte der Luft. Diese Tatsache erklärt sich damit, dass die Phosphorverfügbarkeit auf der Magerwiese in Nenzlingen derart tief ist, dass sie das Leguminosenwachstum limitiert (Niklaus und andere 1998).

Schlechtes Futter
Um an die Eiweisse in der «Kohlendioxid-Nahrung» zu gelangen, müssen Wiederkäuer wie die Kühe das Futter länger im Magen behalten. Die Folgen sind geringere Wachstumsraten und weniger Nachkommen.

bar anzunehmen und fleissig zum Aufbau von Kohlenstoffverbindungen zu verwenden. Während zwar etwas mehr Pflanzenmasse produziert wird, sinkt deren Proteingehalt, der als Mass für den Futterwert gilt. Es kommt zu einer Verdünnung lebenswichtiger Nährstoffe und zu einem vermehrten Aufbau von Zellulose, wodurch die Wiese insgesamt «strohiger» wird.

Amerikanische Wissenschafter gehen davon aus, dass diese neue Situation viele Wiederkäuer wie Schafe und Rinder auf der ganzen Welt vor ein Problem stellen wird: Um an die Proteine in der schwerer verdaulichen Nahrung zu gelangen, verbleibt das Futter über einen längeren Zeitraum im speziell konstruierten Magen der Wiederkäuer. Diese Verzögerung verringert die Nahrungsaufnahme. Die Folgen sind geringere Wachstumsraten und weniger Nachkommen. Während beim Nutzvieh künstlich zugefüttert werden kann, dürfte dies bei wildlebenden Wiederkäuern wie beispielsweise Reh und Steinbock kaum möglich sein.

Die Abwehr wird schwach

Neben dem sinkenden Futterwert könnten weitere chemische Eigenschaften der Pflanzen vor grossen Veränderungen stehen. Viele Pflanzenarten verfügen über komplizierte chemische Verbindungen wie beispielsweise Gerbstoffe, die Schutz vor dem Gefressenwerden bieten. Unter erhöhten Kohlendioxidwerten der Luft ist es den Pflanzen nun möglich, den Gehalt an Gerbstoffen signifikant zu erhöhen. Gerbstoffe, die gewisse Proteine von Pflanzenfressern zerstören und diesen den Appetit verderben, basieren in erster Linie auf Kohlenstoffverbindungen.

Pflanzenfressende Insekten stecken nun aber in einem Dilemma: Einerseits müssen sie mehr fressen, um ihren Nährstoffbedarf zu decken, andererseits führt diese gesteigerte Nahrungsaufnahme zur Einverleibung hoher Dosen pflanzlicher Abwehrstoffe, die die Verdauung behindern. Es verwundert daher nicht, dass manche Insektenarten, die mit Pflanzen gefüttert wurden, die unter erhöhten Kohlendioxidkonzentrationen aufgewachsen waren, zwar viel mehr frassen, aber dennoch unveränderte oder sogar leicht verminderte Wachstumsraten aufwiesen.

Es gibt aber auch den umgekehrten Fall, wo die Effizienz des pflanzlichen Abwehrsystems unter Kohlendioxidbegasung abnimmt: Eine von Marcel Goverde und anderen (1999) durchgeführte Untersuchung des Wiesenschotenklees (*Lotus corniculatus*), der eine Vielzahl giftiger Substanzen enthält, zeigte zwar wie erwartet höhere Konzentrationen an Gerbstoffen bei erhöhten Kohlendioxidwerten. Allerdings sank die Konzentration an Cyanoglykosiden, einer anderen giftigen Stoffgruppe, die im Gegensatz zu den Gerbstoffen auf Stickstoffverbindungen basiert. Stickstoff wird bei erhöhten Kohlendioxidkonzentrationen in der Luft aber zur Mangelware. Die Folge: Die Pflanze kann nicht gleichzeitig die Biomasse steigern und ihr Verteidigungssystem verbessern.

Die an dem Wiesenschotenklee fressenden Schmetterlingsraupen des Hauhechelbläulings (*Polyommatus icarus*) scheint die neue chemische Ausgangssituation zu freuen: Sie entwickelten sich nicht nur rascher zum Schmetterling, die Raupen waren auf den mit Kohlendioxid begasten Pflanzen auch schwerer als auf Pflanzen, die unter normalen Bedingungen aufgewachsen waren. Kein Wunder, frassen die «Kohlendioxid-Raupen» doch im Vergleich mit ihren Artgenossen auf den unveränderten Pflanzen des Wiesenschotenklees deutlich mehr.

Die positiven Reaktionen der Raupen weisen darauf hin, dass die Entgiftung der Cyanoglykoside durch die Pflanzenfresser bisher recht aufwändig gewesen sein musste. Die verminderten Pflanzengifte ermöglichen es den Raupen, mehr Energie in andere Stoffwechselvorgänge zu investieren. Hingegen scheint die Erhöhung der Gerbstoffe die Raupen nicht beeinflusst zu haben. Während aber aus den schwereren Raupen keineswegs auch schwerere

Schmetterlinge hervorgehen, leiden die Pflanzen erheblich unter erhöhten Frassschäden. Die Forscher folgern daraus, dass der Wiesenschotenklee an Konkurrenzkraft einbüssen wird, wenn die Kohlendioxidkonzentration in der Luft ansteigt.

Versiegende Nektarquellen

Erhöhte Kohlendioxidgehalte können aber nicht nur die Beziehung zwischen Raupe und Pflanze beeinflussen, sondern auch Wechselwirkungen zwischen ausgewachsenen Schmetterlingen und ihren Nektarpflanzen. Für viele Schmetterlinge ist Nektar die mit Abstand wichtigste Nahrungsquelle. In der Regel besteht Nektar aus den drei Zuckerarten Glucose, Fructose und Saccharose sowie freien Aminosäuren. Eine qualitative und quantitative Veränderung des Nektars unter erhöhtem Kohlendioxidgehalt der Atmosphäre könnte negative Effekte auf die Lebensdauer und die Fruchtbarkeit von Schmetterlingen haben. Um potenzielle Auswirkungen der Luftveränderung aufzudecken, untersuchten Hans-Peter Rusterholz und Andreas Erhardt (1998) die Nektareigenschaften von fünf für Schmetterlinge wichtigen Pflanzenarten, nämlich des Rotklees (*Trifolium pratense*), des Wiesenschotenklees (*Lotus corniculatus*), der Gemeinen Skabiose (*Scabiosa columbaria*), der Wiesenflockenblume (*Centaurea jacea*) und des Gebräuchlichen Ziests (*Betonica officinalis*). Neben den Veränderungen in der Aminosäuren-Zusammensetzung des Nektars von vier der fünf untersuchten Arten, überraschten die Skabiose und die Wiesenflockenblume mit einer Reduktion des Nektarangebotes pro Blüte um 40 bis 50 Prozent bei erhöhten Kohlendioxidwerten.

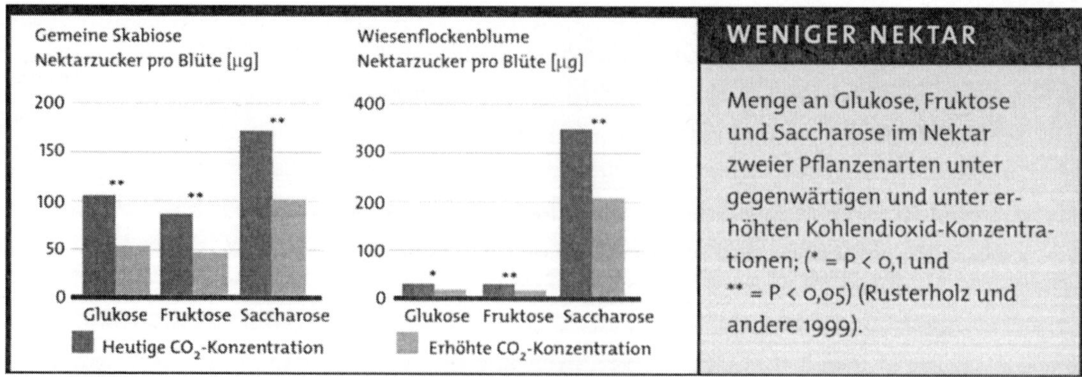

WENIGER NEKTAR

Menge an Glukose, Fruktose und Saccharose im Nektar zweier Pflanzenarten unter gegenwärtigen und unter erhöhten Kohlendioxid-Konzentrationen; (* = P < 0,1 und ** = P < 0,05) (Rusterholz und andere 1999).

Solch massive Veränderungen bei wichtigen Nahrungspflanzen werden die Schmetterlinge dazu zwingen, viel mehr Zeit mit der Nahrungssuche zu verbringen. Dies geht auf Kosten anderer Aktivitäten wie Partnersuche und Vermehrung. Um sich die Folgen auszumalen, braucht es kein Biologiediplom.

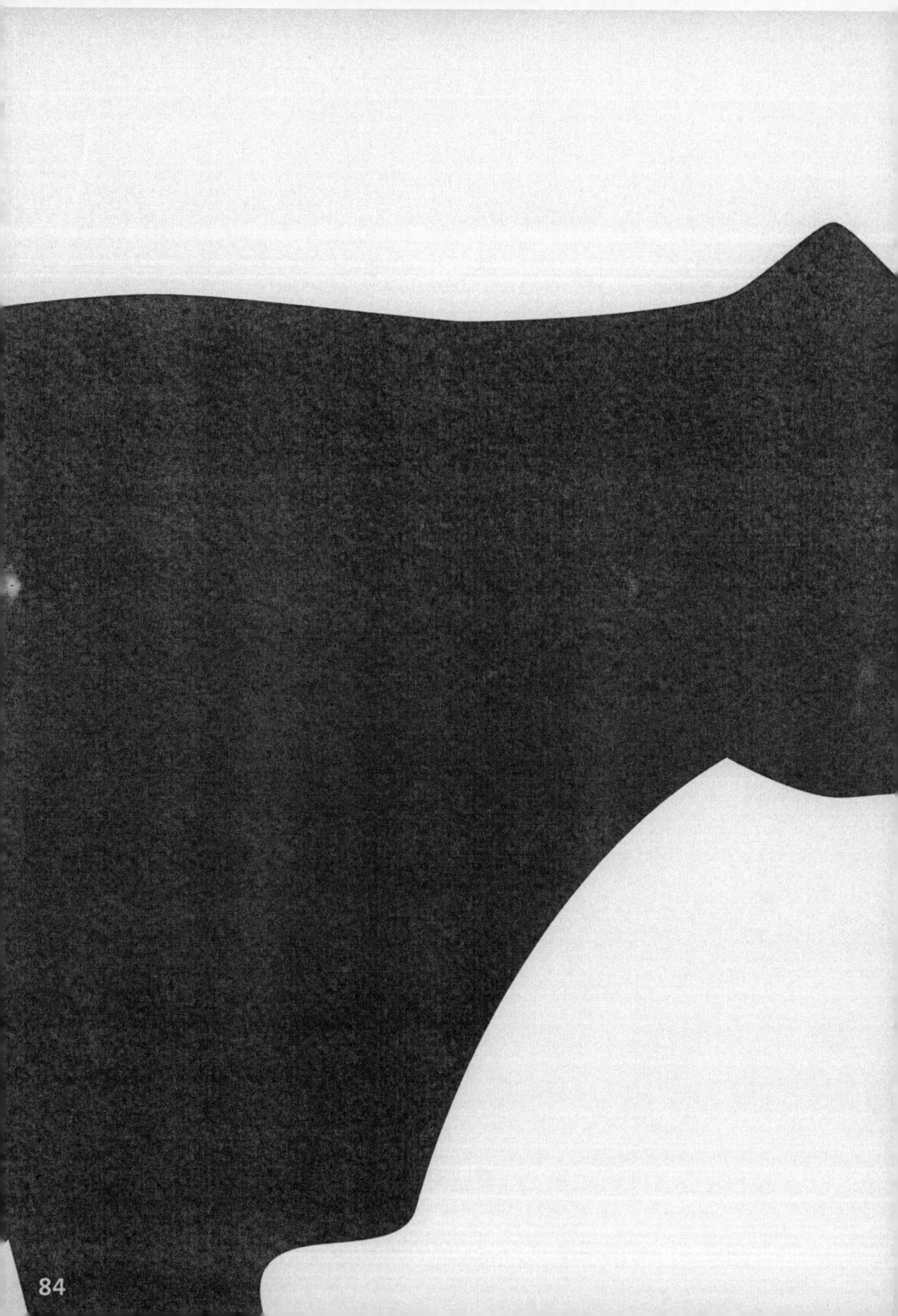

Strategien

Gesetze für die Vielfalt

n den 60er-Jahren gab sich die Schweiz ein Natur- und Heimatschutzgesetz. Seither sind viele weitere Bestimmungen zur Erhaltung des biologischen Reichtums unseres Landes dazugekommen. Als neueste Grundlage trat 1995 die Biodiversitätskonvention in Kraft. Die Strategie zum Schutz der biologischen Vielfalt war zunächst auf die Erhaltung und Pflege von Naturschutzgebieten, Biotopen und wertvollen Landschaften ausgerichtet. Die Fakten zeigen indes, dass der Schutz besonderer Lebensräume allein nicht genügt, um die Vielfalt zu erhalten. Der Staat will daher heute Natur auf der ganzen Landesfläche schützen. Dazu dienen moderne Instrumente wie Direktzahlungen für Landwirte, Umweltverträglichkeitsprüfungen und Lenkungsabgaben. Bund und Kantone verfügen mittlerweile über ein gut ausgebautes Instrumentarium, um die Biodiversität zu erhalten. Doch hapert es bei der Umsetzung. Weil Geld oder Personal fehlt, aber auch wegen der föderalen Struktur unseres Landes, werden wichtige Bestimmungen nur schleppend vollzogen.

Der Bund lenkt

Schon im Jahr 1902 erliess die Schweiz ein erstes Gesetz zur Regelung der Nutzung von natürlichen Ressourcen: das Waldgesetz. Dieses Gesetz sollte ein weiteres Abholzen der Wälder verhindern, nachdem massive Kahlschläge zu Überschwemmungskatastrophen geführt hatten. 1914 wurde der schweizerische Nationalpark im Engadin als erster Nationalpark Europas eingerichtet. 1966 gab sich die Schweiz ein Bundesgesetz über den Natur- und Heimatschutz. In der Folge kamen weitere Gesetze dazu (siehe Kasten

Seite 88/89). Dank dem Ja zur «Rothenthurm»-Initiative im Jahr 1987 kam der Natur- und Heimatschutz ausdrücklich in den Kompetenzbereich der Bundesbehörden. Heute gibt es für alle wichtigen Biotoptypen verbindliche Bundesinventare.

Die Schweiz hat neben den eigenen Gesetzen bedeutende internationale Übereinkommen zum Schutz der Biodiversität ratifiziert: Die Ramsar-Konvention über Feuchtgebiete von internationaler Bedeutung, die Konvention von Washington (CITES) über den internationalen Handel mit wildlebenden Tieren und Pflanzen, die vom Aussterben bedroht sind, die Bonner Konvention zum Schutz wandernder wildlebender Tierarten sowie das Berner Übereinkommen über die Erhaltung der europäischen wildlebenden Pflanzen und Tiere und ihrer natürlichen Lebensräume. Als bislang letzte Gesetzesgrundlage trat 1995 die Biodiversitätskonvention von Rio in Kraft (siehe Kasten Seite 91). Bei ihrer Umsetzung auf der internationalen Ebene hat die Schweiz eine aktive Rolle übernommen. Einzig bei der Alpenkonvention steht die Schweiz noch abseits, obwohl sie bei der Abfassung der Protokolle stark beteiligt war. Die Bergkantone befürchten eine Einmischung in ihre Angelegenheiten.

Die föderalistische Struktur der Schweiz kommt auch beim Schutz der Biodiversität zum Tragen: Der Bund legt die Prinzipien und den Rahmen fest. Die Kantone sind für den Vollzug zuständig und erlassen Bestimmungen, die auf ihrem Gebiet gültig sind. Die Gemeinden schliesslich setzen die kantonalen Bestimmungen vor Ort um, indem sie beispielsweise Schutzvorschriften erlassen oder Naturreservate ausscheiden. Auf allen politischen Stufen steht den Behörden eine reiche Palette an Instrumenten zur Verfügung, um die biologische Vielfalt zu erhalten und nachhaltig zu nutzen. (siehe Kasten Seite 96/97).

Auf Bundesebene bestehen drei Landschaftsinventare; sie umfassen die Landschaften und Naturdenkmäler von nationaler Bedeutung, die schützenswerten Ortsbilder sowie die historischen Verkehrswege. Es gibt zudem fünf Biotopinventare (Hochmoore, Flachmoore, Auengebiete, Moorlandschaften, Wasser- und Zugvogelreservate). Darüber hinaus existieren in der Schweiz 42 Waldreservate. In den dazu gehörigen Verordnungen stehen in der Regel strikte Bestimmungen zum Schutz der Flora und Fauna des Gebietes, der öffentliche Zugang ist geregelt und die Bau- und Wirtschaftstätigkeit eingeschränkt. Viele Kantone und Gemeinden

Auf allen politischen Stufen steht den Behörden eine reiche Palette an Instrumenten zur Verfügung, um die biologische Vielfalt zu erhalten und nachhaltig zu nutzen.

Wald im Lot

Dank dem Waldgesetz von 1902 bleibt die Waldfläche in der Schweiz stabil. Seit 1991 sollen Teile des Waldes sich selber überlassen bleiben. Totholz bleibt dort liegen und bietet vielen Arten einen Lebenraum.

haben ihre eigenen Inventare erstellt. Oftmals überschneiden sich auch die verschiedenen Schutzniveaus.

Eine Sonderstellung geniesst der Schweizer Wald. Drei Viertel des Waldes gehören der öffentlichen Hand. Bis Ende der 80er-Jahre richtete sich die Waldbewirtschaftung hauptsächlich auf die Produktion. Heute zielen die Bemühungen darauf hin, die Artenvielfalt besser zu berücksichtigen und Waldreservate auszubauen. Das Waldgesetz wurde 1991 revidiert und misst nun den ökologischen, sozialen und wirtschaftlichen Funktionen des Waldes die gleiche Bedeutung bei. Grossflächige Kahlschläge sind verboten, Rodungen über 5000 Quadratmeter benötigen eine Bundesbewilligung. Es gibt Projekte, die eine Diversifizierung der Baumarten anstreben,

BUNDESGESETZE FÜR DIE VIELFALT

Das BUNDESGESETZ ÜBER DEN NATUR- UND HEIMATSCHUTZ bezweckt den Schutz der einheimischen Tier- und Pflanzenarten, Biotope und Landschaften. Es legt fest, dass in intensiv bewirtschafteten Regionen ökologische Ausgleichsmassnahmen zu treffen sind. Es gewährt nichtstaatlichen Naturschutzorganisationen das Beschwerderecht. Verordnungen ergänzen das Gesetz.

Das BUNDESGESETZ ÜBER DEN UMWELTSCHUTZ bezweckt den Schutz von Menschen, Tieren und Pflanzen sowie ihrer Lebensgemeinschaften und Lebensräume. Diese Elemente schliessen die biologische Vielfalt im weitesten Sinne ein. Das Gesetz schreibt für die Planung, Errichtung oder Änderung von Anlagen, welche die Umwelt – einschliesslich Natur und Landschaft – beeinträchtigen können, die Umweltverträglichkeitsprüfung vor. Es regelt auch die Einfuhr, den Vertrieb und die Verwendung genetisch veränderter Stoffe.

Das BUNDESGESETZ ÜBER DEN WALD bezweckt die Erhaltung des Waldes als natürlichen Lebenraum. Es weist ihm Schutzfunktionen, Wohlfahrts- und Nutzfunktionen zu. Es fördert Bewirtschaftungsmethoden, welche die natürliche Zusammensetzung und Struktur des Waldes berücksichtigen, und sieht die Schaffung von Waldreservaten zur Erhaltung der Vielfalt von Flora, Fauna und Landschaft vor.

BUNDESGESETZ ÜBER DIE LANDWIRTSCHAFT. Aufgrund der Verfassung hat die Landwirtschaft ihre Aufgaben gemäss dem Prinzip der nachhaltigen Entwicklung zu erfüllen und unter anderem die natürlichen Lebensgrundlagen zu erhalten und die Landschaft zu pflegen. Das Bundesgesetz über die Landwirtschaft trägt zur Erhaltung vielfältiger Ökosysteme und zur Qualität der Umwelt bei. Das Gesetz erlaubt die Gewährung finanzieller Beiträge zur Bewahrung und Schaffung ökologischer Ausgleichsflächen. Es unterstützt die integrierte Produktion und die die Ausbreitung der Fichte und die Verwendung von Pestiziden einzuschränken versuchen. Die Entwicklung des Waldbestandes wird überwacht.

Die Strategie des Bundes zum Schutz der biologischen Vielfalt war zunächst auf die Erhaltung und Pflege von Naturschutzgebieten, Biotopen und wertvollen Landschaften ausgerichtet. Heute stehen etwa 17 Prozent der Schweizer Landesfläche unter einem Schutz, meist Landschaftsschutz. Doch die zahlreichen Schutzgebiete vermochten den Niedergang der Vielfalt in der Schweiz nicht zu stoppen (siehe Seite 30 ff.). Moderner Naturschutz beschränkt sich daher nicht mehr nur auf das Erhalten von Biotopen und Schutzgebieten. Es geht heute darum, die Natur auf der ganzen Landesfläche zu schützen, also selbst in intensiv genutzen Gebieten. Darüber hinaus setzt sich die Erkenntnis durch, dass nicht immer Pflegepläne nötig sind, sondern dass sich die Natur oftmals selber arrangiert, wenn ihr genügend Raum gelassen würde. Wildnis soll wieder Platz finden in unserer übernutzten Landschaft. Nach Ansicht des Basler Zoologieprofessors Stephen Stearns sollte vor den Toren jeder grösseren Schweizer Stadt ein mindestens 10 Quadratkilometer grosser Wildnispark entstehen, wo sich die Dynamik der Natur frei entfalten kann.

---

den biologischen Landbau. Allgemein ist das Landwirtschaftsgesetz auf die Erhaltung der landwirtschaftlichen Biodiversität ausgerichtet, indem es die Forschung, Ausbildung und Beratung fördert und Vorschriften über die Produktion erlässt.

Das **Bundesgesetz über die Jagd und den Schutz wildlebender Säugetiere und Vögel** sowie das **Bundesgesetz über die Fischerei** haben den Schutz der Arten und ihrer Lebensräume zum Gegenstand. Das Jagdgesetz definiert unter anderem weitläufige Schutzzonen für die Tierwelt und ihre Lebensräume.

Das **Bundesgesetz über den Gewässerschutz** hat den Zweck, die Gewässer vor nachteiligen Einwirkungen zu schützen, eine angemessene minimale Wasserführung zu gewährleisten und den Fliessgewässern ihre Funktion als natürliche Lebenräume für die Tier- und Pflanzenwelt und als Landschaftselement zurückzugeben. Das Bundesgesetz über den Wasserbau ergänzt diese Bestimmungen und ermöglicht

die Revitalisierung von Fliessgewässern, indem es vom Grundsatz natürlicher Verbauungen ausgeht.

Das **Bundesgesetz über die Raumplanung** beauftragt die Kantone, die verschiedenen Landnutzungsformen zu koordinieren. Die Richtpläne und Nutzungspläne haben den Aspekten des Natur- und Landschaftsschutzes Rechnung zu tragen. Dieses Gesetz sieht auch die Ausscheidung von Schutzzonen vor, insbesondere für Fliessgewässer, Seen, Landschaften von besonderer Schönheit, von grosser ökologischer oder kultureller Bedeutung, Natur- und Kulturdenkmäler sowie Lebensräume schutzwürdiger Pflanzen und Tiere.

(Quelle: Nationaler Bericht der Schweiz zum Übereinkommen über die biologische Vielfalt, BUWAL 1998, gekürzt)

Geld wird immer wichtiger

Natur überall – in diese Richtung gehen verschiedene Tendenzen im modernen Naturschutz. Zunächst sind es umweltökonomische Instrumente wie Direktzahlungen und zweckgebundene Lenkungsabgaben, die zum Erhalt der Biodiversität auch ausserhalb von Schutzgebieten führen sollen. 1993 reformierte der Bund die Landwirtschaftspolitik und führte ein Subventionssystem ein, das die ökologischen Leistungen der Landwirte mit Direktzahlungen fördert. Ökologische Leistungen werden heute belohnt (siehe Seite 107 ff.).

Neben den finanziellen Anreizen sorgt auch die Umweltverträglichkeitsprüfung dafür, dass Grossprojekte auf die Biodiversität Rücksicht nehmen. Der Umweltverträglichkeitsprüfung sind alle grossen Bauvorhaben unterstellt wie Strassen, Kraftwerksanlagen, Einkaufszentren, Sportanlagen und Golfplätze. Und schliesslich sind es sektorübergreifende Strategien wie die Raumplanung und neuerdings das «Landschaftskonzept Schweiz», die den Erhalt der Biodiversität in allen Gebieten sichern sollen. Das Landschaftskonzept entstand unter der Federführung des Bundesamtes für Umwelt, Wald und Landschaft in enger Zusammenarbeit mit den Raumplanungs- und Landwirtschaftsbehörden des Bundes sowie unter breiter Beteiligung der Lokalbehörden und politischer Interessengruppen. Der Bundesrat hat das Konzept 1997 genehmigt; es soll bis zum Jahr 2006 umgesetzt sein. Das Landschaftskonzept Schweiz will alle Politikbereiche koordinieren, die in die Landschaft eingreifen, zum Beispiel Wasserbau, Landwirtschaft, Verkehr und Landesverteidigung. Es soll sicherstellen, dass Natur- und Landschaft in der ganzen Schweiz erhalten und nachhaltig genutzt werden. Das Konzept bindet jedoch nur den Bund selber, Kantone können sich freiwillig daran halten.

Das BUWAL überprüft jedes Jahr rund 600 Projekte, die mit den Aktivitäten des Bundes oder mit der Umweltverträglichkeitsprüfung zusammenhängen. Das Amt hat Richtlinien erlassen, damit die Belange der Vielfalt bereits in einem frühen Projektstadium einbezogen werden. Diese Richtlinien enthalten allgemeine Grundsätze sowie genaue Kriterien, an die sich die Behörden bei Erteilung von Bewilligungen zu halten haben, insbesondere bei der Erstellung von Skipisten, Golfplätzen, Stromleitungen sowie im Strassenbau, in der Forstwirtschaft und beim Wasserbau. Den Umwelt- und Natur-

992 wurde sie feierlich am Erdgipfel von Rio de Janeiro verabschiedet – mittlerweile haben 170 Staaten die Biodiversitätskonvention ratifiziert. Auch die Schweiz, wo das Abkommen am 19. Februar 1995 in Kraft getreten ist. Die Biodiversitätskonvention ist die erste weltweite Vereinbarung, die alle Aspekte der biologischen Vielfalt abdeckt: die genetische Vielfalt, die Artenvielfalt und die Vielfalt der Lebensräume. Die Konvention soll den Ausgleich zwischen dem Schutz der biologischen Vielfalt und einer wirtschaftlichen Entwicklung ermöglichen. Ziel ist die Erforschung der Vielfalt, deren Schutz und nachhaltige Nutzung sowie eine gerechte Verteilung der aus ihr gezogenen Gewinne.

Länder, die die Konvention unterzeichneten, verpflichteten sich unter anderem:
- die biologische Vielfalt zu überwachen,
- nationale Strategien zur Erhaltung und nachhaltigen Nutzung der Biodiversität auszuarbeiten,
- Gesetze zum Schutz gefährdeter Arten zu erlassen und Schutzgebiete zu schaffen,
- unter Beteiligung der Öffentlichkeit Projekte, welche die Vielfalt gefährden, einer Umweltverträglichkeitsprüfung zu unterziehen,
- den Menschen mit Unterstutzung der Medien und mit Hilfe von Aufklärungsprogrammen zu zeigen, wie wichtig die biologische Vielfalt ist.

Darüber hinaus verlangt die Konvention von den Unterzeichnerstaaten, dass sie den Zugang zu ihren genetischen Ressourcen erleichtern. Dabei sei eine gerechte Verteilung der Vorteile und Gewinne anzustreben. Die westlichen Staaten sollen darüber hinaus die Entwicklungsländer technisch und wirtschaftlich unterstützen, ihre Biodiversität nachhaltig zu nutzen.

Bei der Umsetzung der Biodiversitätskonvention hat die Schweiz eine aktive Rolle übernommen. Der Bund hat eine nationale Strategie ausgearbeitet: Mit dem Landschaftskonzept Schweiz von 1997 verpflichtet sich der Bund, in all seinen raumwirksamen Entscheidungen die Folgen auf die Biodiversität zu berücksichtigen. Das Konzept enthält auch mehr oder weniger konkrete Ziele, unter anderen die folgenden:
- die Roten Listen müssen jedes Jahr um 1 Prozent kürzer werden, keine weiteren Arten dürfen darauf erscheinen,
- die Populationen verbreiteter Arten dürfen nicht kleiner werden,
- innerhalb von zehn Jahren (das heisst also bis 2007) ist das Mosaik der Biotope von nationaler Bedeutung zu ergänzen und zu vernetzen,
- Schaffen von Zonen, die menschlichem Einfluss weitgehend entzogen sind – also Wildnisgebiete,
- Einsetzen und Verbesserung von Anreizsystemen zur nachhaltigen Bewirtschaftung der natürlichen und landschaftlichen Ressourcen,
- Einführung einer Erfolgskontrolle der Massnahmen zum Schutz und zur Aufwertung der biologischen und landschaftlichen Vielfalt,
- umweltfreundliche Bewirtschaftung der gesamten Landwirtschaftsfläche.

Schweizer Biodiversitätsforschende kritisieren indes, dass die Strategie des Bundes ungenügend ausformuliert sei. So dürfe sich eine nationale Strategie nicht nur auf die Biodiversität innerhalb der Landesgrenzen beschränken, sondern müsse auch Vorstellungen entwickeln, wie die internationalen Aktivitäten wie Handel, technische Grossprojekte und Entwicklungszusammenarbeit an die Erfordernisse des Biodiversitätschutzes anzupassen sind. Für kleine und reiche Länder wie die Schweiz ist dies global gesehen von mindestens ebenso grosser Tragweite wie die Erhaltung der eigenen Biodiversität.

Zudem dürften nicht die Roten Listen als absolute Messlatte bei der Formulierung von Biodiversitätszielen dienen, meinen die Forschenden, denn nicht jede hierzulande vorkommende Art muss unbedingt innerhalb der Landesgrenzen erhalten werden. Der Bund habe klare Prioritäten zu setzen. Weil die Schweiz für sie eine globale Verantwortung hat, seien sogenannte Endemiten und Halbendemiten absolut zu schützen. Dies sind Arten, die nur über ein sehr beschränktes geographisches Verbreitungsgebiet in der Schweiz oder Zentraleuropa verfügen. Die Wissenschafterinnen und Wissenschafter schlagen vor, dass der Staat eine möglichst breit abgestützte Kommission einsetzt zur Ausarbeitung einer solchen nationalen Strategie. Diese Gruppe soll neben Vertreterinnen und Vertretern aus Naturschutz, Wissenschaft, Jagd, Fischerei, Verwaltung und Politik auch Landnutzergruppen wie Land- und Forstwirtschaft, Tourismus und Grundeigentümer berücksichtigen.

schutzorganisationen steht ein Beschwerderecht gegen die Erteilung von Genehmigungen zu.

Gemäss einer Untersuchung des Bundesamtes für Statistik beliefen sich die Ausgaben der öffentlichen Hand für die Biodiversität 1992 auf 104 Millionen Franken. Dies entspricht fünf Prozent der öffentlichen Gelder für den Umweltschutz. Rund 40 Prozent wurden vom Bund, 50 Prozent von den Kantonen und 10 Prozent von den Gemeinden ausgegeben. In den Jahren 1994 bis 1996 gab der Bund für den Naturschutz jährlich insgesamt rund 39 Millionen Franken aus. Dazu kommen die Kosten für Natur- und Landschaftsschutz im Rahmen der Waldbewirtschaftung, etwa 190 Millionen Franken

pro Jahr, sowie die ökologischen Direktzahlungen an die Bauern von rund 700 Millionen Franken (1997). In die Landwirtschaft fliesst also weitaus am meisten Geld für die Erhaltung der Biodiversität. Dies ist durchaus sinnvoll, denn hier musste die biologische Vielfalt in den vergangenen Jahrzehnten auch die grössten Verluste hinnehmen.

Gute Gesetze – wenig Wirkung

Die Schweiz verfügt insgesamt betrachtet über ausreichende Gesetze und Instrumente zur Erhaltung ihres natürlichen Reichtums. Zahlreich sind die Konzepte, Ziele, guten Vorsätze und Absichtserklärungen. Dennoch ist es hierzulande nicht gut um die Biodiversität bestellt (siehe Seiten 27 ff.). So erteilt ein Bericht der OECD (Organisation für wirtschaftliche Zusammenarbeit und Entwicklung) von 1998 der Schweiz in Bezug auf den Schutz von Natur, Landschaft und Biodiversität ungenügende Noten: «Angesichts der Belastung durch die wirtschaftlichen Tätigkeiten in einem dicht bevölkerten Land mit einem erheblichen Tourismussektor sind die Anstrengungen zum Schutz von Natur, Landschaft und Biodiversität im «grünen» Umweltbereich – trotz einiger Erfolge wie die Erhaltung der Waldfläche – ungenügend. Sie müssen vor allem auf Kantonsebene noch intensiviert werden.» Der Bericht macht Vorschläge zur Verbesserung der Situation, insbesondere fordert er eine breitere Anwendung von ökonomischen Instrumenten, die För-

Illegale Mülldeponie
Die Gemeinden sind oft überfordert oder nicht gewillt, den Bestimmungen für den Erhalt der Biodiversität Geltung zu verschaffen.

Auf dem Vormarsch
Dank Wiederansiedlung
ist der Luchs wieder in der
Schweiz heimisch. Neu
angesiedelt wurden
beispielsweise auch Steinbock, Biber und Bartgeier.

derung von Erfolgskontrollen, den Ausbau des Kooperationsprinzips sowie bessere planerische Massnahmen im Bereich Biodiversität.

Kaum ein anderes Land steht unter solch einem extremen Nutzungsdruck wie die dicht besiedelte Schweiz. Die Landwirtschaft macht sich fast jede verfügbare Parzelle zunutze. Siedlungsgebiet und Verkehrsnetz wachsen unentwegt. Und in den naturnahen Regionen tummeln sich Jahr für Jahr Millionen von Touristen. Auf jedem Quadratmeter Boden prallen die Bedürfnisse vieler Menschen und Gruppen auf die Ansprüche der Natur. Meistens behalten die menschlichen Begehrlichkeiten die Oberhand – ungeachtet gesetzlicher Regelungen. Viele Fachleute sind sich einig, dass die Defizite im Naturschutz nicht auf fehlende gesetzliche Grundlagen, sondern auf den schleppenden Vollzug zurückzuführen sind. Während der Bund seinen Verpflichtungen mehrheitlich nachkommt, sind die Kantone oft stark in Verzug bei der Umsetzung der rechtlichen Grundlagen. Schliesslich sind die Gemeinden, die vor Ort zu entscheiden haben, oft überfordert oder nicht gewillt, den Bestimmungen für den Erhalt der Biodiversität Geltung zu verschaffen. Und immer mehr fehlt es an finanziellen Mitteln zur Durchsetzung der Gesetze. Ausser bei den Direktzahlungen kürzt der Staat dem direkten Naturschutz seit Jahren massiv die Gelder. Für den Naturschutz gibt der Bund in einem ganzen Jahr so viel aus wie für den Strassenverkehr an einem einzigen Tag.

In den Zeiten knapper Mittel kommt den Natur- und Umweltschutzorganisationen eine immer wichtigere Rolle in der Politik zu. Einerseits sensibilisieren und informieren sie die Bevölkerung über Zustand und Bedrohung der Biodiversität. Damit bauen sie auch einen öffentlichen Druck auf Gesetzgeber und nachlässig vollziehende Behörden auf. Andererseits sorgen sie dank dem Verbandsbeschwerderecht für die Durchsetzung des geltenden Rechts. Zwar steht dieses Instrument immer wieder auf der Abschussliste von wenig naturverbundenen Politikerinnen und Politikern, die darin bloss ein wirtschaftsfeindliches «Verhinderungsmittel» sehen. Pro Natura reicht indes nach eigenen Angaben jährlich nur 4 bis 6 Beschwerden pro Kanton ein. Dies und die Tatsache, dass Gerichte die Verbandsbeschwerden in drei Viertel aller Fälle ganz oder teilweise gutgeheissen haben, zeigt, wie wichtig dieses Instrument ist und dass die Naturschutzorganisationen äusserst verantwortungsvoll damit umgehen.

Nichtregierungsorganisationen engagieren sich mit Spenden-
geldern auch massgeblich direkt für die Erhaltung der Artenvielfalt.
So besitzt oder betreut Pro Natura insgesamt rund 500 Naturschutzgebiete und sorgt für deren Pflege. Der WWF arbeitet eher
auf globaler Ebene und hat beispielsweise ein weltweites Programm
zur Rettung der 200 wichtigsten naturnahen Ökosysteme gestartet.
Darüber hinaus betreiben beide NGO's wie auch der Schweizerische Vogelschutz und die Vogelwarte Sempach Programme, die bedrohte Arten erhalten möchten.

Biotop-, Landschafts- und Artenschutz

Inventare und Schutzverordnungen

Das Gesetz über den Natur- und Heimatschutz verpflichtet den Bund, Biotope und Landschaften von nationaler Bedeutung zu bezeichnen und entsprechende Schutzbestimmungen zu erlassen. Zu diesem Zweck hat er Inventare der wichtigsten schutzwürdigen Objekte von nationaler Bedeutung erstellt.

Rote Listen

Der Bund hat Rote Listen gefährdeter Pflanzen- und Tierarten erstellt. Manche Arten werden direkt durch die Anwendungsverordnung des Gesetzes über den Naturschutz geschützt, andere werden indirekt geschützt, indem Biotope der auf den Roten Listen stehenden Arten Kraft des Gesetzes zu schützen sind.

Besondere Programme zum Schutz und zur Wiedereinführung von Arten

Verschiedene Programme zur Gewährleistung des Schutzes seltener und gefährdeter Arten sind im Gange, insbesondere im Zusammenhang mit der Berner Konvention und in Zusammenarbeit mit privaten Organisationen. Aufgrund der Gesetze über den Naturschutz und über die Jagd hat der Bund unter anderem grössere Gebiete unter Schutz gestellt, um die Erhaltung von Wildbeständen sowie Wasser- und Zugvögeln sicherzustellen.

Koordination, Planung

Raumplanung

Aufgrund des Gesetzes über die Raumplanung erstellen die Kantone Richtpläne und Nutzungspläne, die einen haushälterischen Umgang mit dem Boden ermöglichen und den Erfordernissen des Schutzes und der nachhaltigen Entwicklung Rechnung tragen.

Forstplanung

Mit der Forstplanung ist zu bestimmen, welche Aufgaben jeder Waldfläche zugeordnet werden sollen. Neben der nachhaltigen Produktion und den Schutzfunktionen ist bei der Planung auch die Erhaltung der biologischen Vielfalt im Wald als Ziel mitzuberücksichtigen. Die neue Waldgesetzgebung ermöglicht die Ausscheidung vollständiger Waldreservate und die Kompensation bewilligter Eingriffe wie beispielsweise Rodungen nicht

mehr bloss durch quantitative Massnahmen (Realersatz), sondern auch durch qualitative Massnahmen (Wiederherstellung von Biotopen).

Nationaler Aktionsplan zur Erhaltung und nachhaltigen Nutzung der pflanzengenetischen Ressourcen für Ernährung und Landwirtschaft

Dieser vom Bundesrat genehmigte Aktionsplan definiert eine Reihe von Massnahmen, welche die Erhaltung bestehender pflanzengenetischer Ressourcen ermöglichen sollen, in der Absicht, nicht nur ein nationales Kulturgut zu bewahren, sondern auch zur Sicherheit der Welternährung beizutragen und einer zunehmend anspruchsvollen Nachfrage der Konsumenten nachzukommen.

Das nationale Forum für den ökologischen Ausgleich

Das nationale Forum für den ökologischen Ausgleich setzt sich zusammen aus Wissenschaftsexperten sowie Vertretern aus Naturschutz- und Landwirtschaft, die beauftragt sind, Informationen auszutauschen und die Arbeiten über den ökologischen Ausgleich in der Schweiz zu koordinieren.

«Landschaftskonzept Schweiz (LKS)»: Koordinierte Strategie zur Erhaltung und nachhaltigen Nutzung der biologischen und landschaftlichen Vielfalt

Ein Konzept im Sinne des Bundesgesetzes über die Raumplanung ist ein Instrument, das dem Bund ermöglicht, das ganze Land betreffende Aktivitäten zu koordinieren. Das LKS hat die Koordination aller Politikbereiche im Zusammenhang mit der Erhaltung und nachhaltigen Nutzung von Natur und Landschaft zum Gegenstand, beispielsweise Wasserbau, Landwirtschaft und Verkehrswesen.

Qualitätskontrolle der Projekte und Richtlinien

Umweltverträglichkeitsprüfung

Die Durchführung einer Umweltverträglichkeitsprüfung ist obligatorisch für Vorhaben jeder Art, die sich auf das Territorium und die Umwelt auswirken (Strassen, Eisenbahnlinien, Häfen, Flughäfen, Leitungen und Kabel, Kiesgruben, Bau von Wohnhäusern usw.). Die Eingriffe müssen im Rahmen des Bewilligungsverfahrens von den zuständigen Behörden beurteilt werden. Die Umweltverträglichkeitsprüfung bezieht sich auf mehrere Bereiche, unter anderem den Natur- und Landschaftsschutz, Kulturgüter, die Luftreinhaltung, den Lärmschutz, den Boden- und Gewässerschutz sowie auf Abfälle und Giftstoffe.

Bundesaufgaben

Der Bund ist aufgrund des Bundesgesetzes über den Natur- und Heimatschutz verpflichtet, bei der Erfüllung seiner Aufgaben (Bauten, Bewilligungen, Subventionen, usw.) auf die biologische und landschaftliche Vielfalt Rücksicht zu nehmen. Alle Vorhaben, die in den Zuständigkeitsbereich des Bundes fallen, haben diese Bedingungen zu erfüllen.

Wegleitungen und Empfehlungen des Bundes

Der Bund – aber auch die Kantone – erarbeiten Empfehlungen und Wegleitungen über die Art, wie Gestaltungen vorzunehmen oder Massnahmen zu treffen sind, indem man den zwingenden Forderungen des Schutzes und der nachhaltigen Bewirtschaftung der natürlichen und landschaftlichen Ressourcen Rechnung trägt.

Anreize

Direktzahlungen an Landwirte für den ökologischen Ausgleich

Die Landwirte haben die Möglichkeit, freiwillig Parzellen auszuscheiden, auf denen sie besondere Bewirtschaftungsmassnahmen anwenden (extensiv bewirtschaftete Wiesen, Erhaltung von Hochstammobstbäumen usw.); für diese Leistungen erhalten sie einen jährlichen Betrag, dessen Höhe nach festen Bemessungskriterien ermittelt wird.

Überwachung und Erfolgskontrolle, Datenbanken, Forschung

Überwachung der biologischen Vielfalt

Das Bundesamt für Umwelt, Wald und Landschaft (BUWAL) entwickelt gegenwärtig ein Programm zur Beobachtung der Entwicklung der biologischen Vielfalt. Dieses soll die rechtzeitige und auf realen Grundlagen beruhende Steuerung der Politik zur Erhaltung und nachhaltigen Nutzung der biologischen Vielfalt ermöglichen.

Erfolgskontrolle der Bundesinventare der Biotope und Landschaften

Nachdem die Objekte von nationaler Bedeutung bezeichnet worden sind und ihr Schutz definiert war, ist jetzt sicherzustellen, dass dieser – auch im Verhältnis zu den dafür eingesetzten Mitteln – Früchte trägt. Zu diesem Zweck erstellt die Schweiz ein Kontrollprogramm, um festzustellen, ob der Schutz wirksam ist, und um gegebenenfalls eine als ungünstig erachtete Entwicklung korrigieren zu können. Durch eine Erfolgskontrolle lässt sich beispielsweise überprüfen, ob die Fläche der inventarisierten Moore und ihr ökologischer Wert erhalten bleiben und ob die getroffenen Massnahmen die erwarteten Ergebnisse gezeitigt haben.

Nationale Datenbanken über Flora und Fauna

Mehrere Koordinationszentren haben den Auftrag, die Daten über die biologische Vielfalt zu verwalten. Bei diesen Zentren handelt es sich gewöhnlich um halbprivate Institutionen, die vom Bund, von den Kantonen und von NGOs unterstützt werden. Solche Zentren gibt es für die Tierwelt (Wirbellose, Säugetiere, Amphibien und Fledermäuse) und für Wild- und Nutzpflanzen. Sie fördern die angewandte Forschung, beteiligen sich am Aufbau von Schutzinstrumenten (Rote Listen) und liefern Daten für die Überwachung der biologischen Vielfalt.

Bewertung des ökologischen Ausgleichs in der Landwirtschaft

Die Massnahmen im Zusammenhang mit dem ökologischen Ausgleich in der Landwirtschaft sind Gegenstand einer Erfolgskontrolle unter der Leitung des Bundesamtes für Landwirtschaft.

Forschung

Der Bund unterstützt massgeblich die Biodiversitätsforschung in der Schweiz. Unter anderem auch das Biodiversitätsprojekt des Schwerpunktprogramms Umwelt, dessen Ergebnisse in diesem Buch vorgestellt werden.

(Quelle: Nationaler Bericht der Schweiz zum Übereinkommen über die biologische Vielfalt, 1998 (gekürzt und ergänzt))

Schutzgebiete ausweiten und vernetzen

ine zentrale Rolle bei der Erhaltung der Biodiversität spielen Naturschutzgebiete. Die Schweiz verfügt indes nur über eine geringe geschützte Gesamtfläche, und die Reservate sind meistens zu klein und zu isoliert, um den darin lebenden Tieren und Pflanzen ein Überleben zu garantieren. Dennoch braucht es die Schutzgebiete, denn sie beherbergen die letzten Schätze der Natur in unserer ausgeräumten Landschaft. Damit sie ihre Funktion besser erfüllen, müssen sie jedoch besser miteinander vernetzt werden, damit Tiere ungehindert von einem Gebiet ins nächste streifen können. Zudem benötigen die empfindlichen Biotope eine Zone um sich herum, in denen schädigende Aktivitäten vermindert werden. In solchen Pufferzonen dürfte beispielsweise nicht mehr gedüngt werden.

Kein sicherer Ort

Die Intensivierung der Landwirtschaft, die Ausdehnung des Siedlungsraumes, der Ausbau der Verkehrswege, die Zerstörung von Resten natürlicher Biotope sowie die Fragmentierung der Landschaft haben bei uns zahlreiche Tier- und Pflanzenarten an den Rand des Aussterbens gebracht. Eine der wirkungsvollsten Massnahmen zur Rettung bedrohter Arten ist der Erhalt ihrer Lebensräume mit Hilfe gesetzlich bestimmter Schutzgebiete. Meist geht die Initiative für die Errichtung solcher Schutzgebiete von privaten Organisationen oder Einzelpersonen aus, und in der Regel übernehmen diese auch die Gebietsbetreuung nach erfolgter Ausweisung. Und obwohl das Natur- und Heimatschutzgesetz festhält, dass der Naturschutz in den Aufgabenbereich der Kantone fällt, während der Bund für die Schaffung günstiger Rahmenbedingungen verantwortlich ist, sind es häufig Organisationen wie Pro Natura oder der Schweizerische Vogelschutz, die das Geld zur Verfügung stellen, um schützenswerte Biotope aufzukaufen oder zu pachten.

Je nach Zielsetzung werden verschiedene Kategorien von Schutzgebieten unterschieden: In den 115 sogenannten BLN-Gebieten (Bundesinventar der Landschaften und Naturdenkmäler von nationaler Bedeutung) der Schweiz geht es in erster Linie darum, das Landschaftsbild zu bewahren. Allerdings wirkt dieser Schutz lediglich bei den Aufgaben des Bundes. Für den Schutz von Arten und Lebensgemeinschaften ist dieser Typ von Schutzgebiet nicht geeignet, weil Land- und Forstwirtschaft sowie die meisten anderen Nutzungen grundsätzlich erlaubt sind. Strenge Schutzgebiete, in denen die Natur Vorrang vor allen Nutzungen hat, sind die rund 1500 Naturschutzgebiete sowie der einzige Schweizer Nationalpark im Engadin. Ein relativ neues Element der Schweizer Naturschutzpolitik sind Inventare der Biotope von nationaler Bedeutung. Ziel ist es, die Standorte wertvoller Lebensräume genau zu erfassen, um geeignete und gezielte Schutzmassnahmen treffen zu können. Inventare gibt es heute für Moorlandschaften, Hoch- und Übergangsmoore, Flachmoore, Auengebiete, Amphibienlaichgebiete sowie Trockenwiesen. Fachleute haben im Auftrag des Bundesamtes für Umwelt, Wald und Landschaft beispielsweise die Flachmoore der Schweiz in den Jahren 1987 und 1988 nach einheitlichen Kriterien im Gelände aufgenommen, abgegrenzt und beschrieben. Von den rund 3300 kartierten Objekten mit einer Gesamtfläche von fast 25 000 Hektaren wurden über 1000 als von nationaler Bedeutung bezeichnet. Die Erhaltung dieser Flachmoore will der Bund vorwiegend mit Bewirtschaftungsverträgen sowie mit Beiträgen zur Abgeltung des Minderertrages oder des Mehraufwandes sicherstellen. Allerdings gibt es noch beträchtliche Defizite bei der Umsetzung der Inventare.

Für die biologische Vielfalt sind zur Zeit vor allem die Naturschutzgebiete und der Nationalpark von Bedeutung. Insgesamt nehmen diese in der Schweiz aber lediglich eine Fläche von 763 Quadratkilometern ein – das sind weniger als zwei Prozent der Landesfläche, die der Natur vorbehalten sind. Und auch das nur be-

Reservatsgrenze
Ab hier sollte die Natur Vorrang haben.

Es sind häufig private Organisationen wie Pro Natura oder der Schweizerische Vogelschutz, die das Geld zur Verfügung stellen, um schützenswerte Biotope aufzukaufen oder zu pachten.

dingt: Viele Naturschutzgebiete haben mit Problemen zu kämpfen, die ihre Wirksamkeit als alleiniges Naturschutzinstrument in Frage stellen.

Klein und allein

Viele Naturschutzgebiete in der Schweiz sind zu klein, um längerfristig halbwegs lebensfähige Populationen vieler Tier- und Pflanzenarten beherbergen zu können. Dies gilt insbesondere für das Mittelland: So sind im Kanton Zürich 90 Prozent aller Naturschutzgebiete kleiner als fünf Hektaren, 70 Prozent sogar kleiner als eine Hektare. Hinzu kommt die extreme Isolation von weiteren naturnahen oder halbnatürlichen Standorten. Dies führt dazu, dass die notwendigen Jahreslebensräume wandernder Tiere wie zum Beispiel Amphibien nur selten gesichert sind. Angesichts der Resultate aus dem Fragmentierungsexperiment sowie der von Markus Fischer und Jürg Stöcklin (1997) beobachteten Aussterbeereignisse lokaler Pflanzenbestände in den isolierten Magerwiesen im Jura rechnen Fachleute damit, dass viele dieser Klein-Naturschutzgebiete bereits an biologischer Vielfalt eingebüsst haben.

Die Schutzgebiete werden aber auch direkt von aussen bedroht: Die meisten Gebiete im Mittelland grenzen an landwirtschaftliche Intensivflächen, von denen Dünger, Herbizide und Pestizide eingeschwemmt oder eingeweht werden und den Fortbestand der Lebensgemeinschaft der Reservate ernsthaft gefährden. Mit Randeffekten und Isolation haben aber auch die grösseren Schutzgebiete zu kämpfen. Eines der grössten Feuchtgebiete des Wallis, die 27 Hektaren grosse Pouta Fontana oberhalb von Sion, ist heute ein völlig eingeschnürtes Flachmoor und damit typisch für die meisten Naturschutzgebiete: Im Norden fliesst die Rhone hinter ihrem Damm, unmittelbar anschliessend folgt die Autobahn, und während sich im Osten ein Golfplatz ausdehnt, wird im Westen Kies abgebaut. Im Süden schliesslich ist das Naturschutzgebiet von der Kantonalstrasse begrenzt. Es verwundert daher nicht, dass die Wiederansiedlung des Bibers nur schleppend vorankommt.

Grande Cariçaie am Ufer des Neuenburger Sees
Eines der wenigen grossen Naturschutzgebiete im Mittelland.

Schnee und Fels

Während im gesamten Mittelland nur eine Handvoll Schutzgebiete von mehr als 50 Hektaren zu finden sind, weist der Alpenraum deutlich mehr Gebiete in den oberen Grössenklassen auf. Dies mag erfreulich klingen, ist aber bei weitem kein Garant für die Erhaltung der biologischen Vielfalt. Der grösste Teil der Reservatsflächen liegt nämlich in ökologischen Randbereichen, auf die Menschen wegen der unwirtlichen Verhältnisse ohnehin kaum Ansprüche erheben. So ist über ein Drittel der Fläche des schweizerischen Nationalparks von Geröll und Schnee bedeckt, und zwischen Zernez und S-chanf beginnt das Schutzgebiet erst oberhalb der Waldgrenze. Dies lässt die 168 Quadratkilometer geschützte Fläche in einem anderen Licht erscheinen. Auch ausserhalb des Alpenraumes liegen Naturreservate viel zu oft in ökologischen Randbereichen, so zum Beispiel in Steillagen des Jura (Parc jurassien de la Combe-Grède/Chasseral) oder an sumpfigen Seeufern im Seeland (Grand Cariçaie am Neuenburger See). Die Schweiz ist übrigens kein Einzelfall: Weltweit stehen laut Statistiken zwar zwei Prozent der gesamten Landfläche unter Schutz, davon entfallen aber allein rund 20 Prozent auf einen Riesenpark im Nordosten Grönlands, der nur einen schmalen Küstenstreifen mit Tundravegetation enthält und ansonsten von ewigem Eis bedeckt ist. Aus Sicht des Naturschutzes ist es daher begrüssenswert, dass bei der geplanten Vergrösserung des schweizerischen Nationalparks wertvolle Gebiete wie beispielweise die beiden Seenplatten Macun und Lais da Rims, die Weidegebiete von Jufplaun, der Arvenwald von Tamangur und verschiedene Moorlandschaften hinzukommen werden.

Ausgelaugt und übernutzt

Des einen Freud, des anderen Leid
Zu viele Freizeitaktivitäten in empfindlichen Gebieten stören die Natur – und erholungssuchende Menschen.

Die geringe Grösse und die unzähligen negativen Randeffekte sind nicht die einzigen Probleme, mit denen Naturschutzgebiete zu kämpfen haben. Auch im Inneren sind die Flächen keineswegs frei von Beeinträchtigungen. So hat eine 1983 von den Zürcher Natur- und Heimatschutzorganisationen durchgeführte Untersuchung aufgedeckt, dass bei 75 Prozent der Naturschutzgebiete des Kantons Zürich die Kernzone zum Teil stark beeinträchtigt ist. Nur bei jedem vierten Schutzgebiet kann der Zustand als einigermassen befriedigend bezeichnet werden. Viele der Beeinträchtigungen sind eine Folge störender Eingriffe der Landwirtschaft: Magerwiesen wurden gedüngt, Riedwiesen beweidet oder zu Ackerland umgewandelt, Feuchtgebiete entwässert oder durch Materialablagerungen vernichtet, Streu- und Trockenwiesen zu früh geschnitten und wertvolle Biotope aufgeforstet.

Im Laufe der letzten beiden Jahrzehnte entwickelten sich auch Erholungsaktivitäten in den Reservaten zunehmend zu einem Problem. Naturschutzgebiete versprechen ein Naturerlebnis, das die restliche ausgeräumte Landschaft nicht mehr bieten kann. Entsprechend gross ist der Andrang: Während der Nationalpark jährlich über 150 000 Besucher zählt, werden der viel kleinere Aletschwald im Wallis sowie der Etang de la Gruère im Jura von 50 000 bis 100 000 Menschen im Jahr besucht. Besonders dramatisch ist die Situation in stadtnahen Naturschutzgebieten: So ist die Reinacher Heide vor den Toren Basels ein beliebtes Ausflugsziel von jährlich 90 000 Personen. Negativ wirken sich für die Naturschutzgebiete vor allem ungelenkte Besucherströme aus sowie illegale Besucheraktivitäten. Die Konsequenzen sind unübersehbar: Trampelpfade, Zelten, Grillieren abseits der Wege, Ausgraben von Pflanzen, Bootsfahrten und Angeln sorgen für Unruhe und beanspruchen Raum, der eigentlich bedrohten Arten vorbehalten ist.

Naturschutzgebiete dienen dem Schutz der letzten Reste natürlicher oder halbnatürlicher Lebensgemeinschaften. Wenn die Menschen zunehmend in die Naturschutzgebiete drängen, weil die Intensivierung der Landwirtschaft sowie die Ausdehnung der Siedlungen und Verkehrswege das Angebot an naturnahen Erholungsgebieten auf ein Minimum reduziert hat, dann muss unsere Politik der Landschaftsplanung grundlegend neu überdacht werden.

Aufwändige Pflege

Abgesehen vom Nationalpark gibt es wohl in keinem der Naturschutzgebiete in der Schweiz stabile, sich selbst regulierende Verhältnisse. In der Regel sind gezielte und steuernde Eingriffe des Menschen zur Sicherung der Naturschutzziele nötig. Insbesondere dort, wo Elemente der Kulturlandschaft unter Schutz stehen, müssen die traditionellen Nutzungen beibehalten werden, um die biologische Vielfalt zu erhalten: Hecken und Obstbäume müssen regelmässig geschnitten werden, Mager- und Streuwiesen bedürfen der jährlichen Mahd und hin und wieder einer Entbuschungsaktion. Ohne diese Massnahmen würde die natürliche Sukzession in der Regel zu einer Wiederbewaldung dieser Lebensräume führen.

Auch die Biotope der Naturlandschaften benötigen Pflege: Dort wo die natürliche Dynamik der Flüsse fehlt, müssen offene Kiesflächen und vegetationsfreie Tümpel geschaffen werden; Amphibienzäune müssen errichtet werden, standortfremde Pflanzen entfernt, Informationstafeln ersetzt, Absperrungen repariert sowie gestörte Wasserhaushalte wieder hergestellt werden. All dies kostet Zeit und Geld, und nur zu oft fehlen dem Naturschutz die nötigen finanziellen Mittel, um die Lebensräume bedrohter Arten nachhaltig zu sichern.

Oft fehlen dem Naturschutz die nötigen finanziellen Mittel, um die Lebensräume bedrohter Arten nachhaltig zu sichern.

Unersetzlich

Obwohl bei den Naturschutzgebieten längst nicht alles zum Besten bestellt ist: Unsere Landschaft wäre bedeutend artenärmer ohne diese Reservate der Artenvielfalt. Eine Untersuchung der Naturschutzorganisation Pro Natura hat ergeben, dass artenreiche Lebensräume oft nur noch in Regionen zu finden sind, in denen Naturschutzgebiete bestehen, während sie aus ähnlichen Regionen ohne Naturreservate fast vollständig verschwunden sind. Naturschutzgebiete haben sich als regelrechte Rettungsinseln erwiesen, von denen aus sich in Zukunft Tier- und Pflanzenarten wieder ausdehnen können. Solange Naturschutz ein Krisenmanagement bleibt, können wir nicht auf Naturschutzgebiete verzichten.

Es braucht indes dringend zusätzliche Strategien im Biotopschutz. Diese müssen zu einer quantitativen und qualitativen Verbesserung der natürlichen und naturnahen Lebensgemeinschaften führen und die Isolation der Naturschutzgebiete aufheben. Zur Sicherung und Aufwertung der biologischen Vielfalt ist es zudem nötig, die lebensfeindliche Umgebung der Schutzgebiete aufzuwerten. So beobachteten Walter Wettstein und Bernhard Schmid (1999) in einer Untersuchung voralpiner Flachmoore die höchste Anzahl von Schmetterlingen dort, wo diese Habitat-Inseln noch von vielen naturnahen Flächen umgeben sind.

Sichern und Aufwerten

Allein mit der Durchsetzung der bestehenden Schutzverordnungen wäre schon viel zur Erhaltung der biologischen Vielfalt getan. Bereits 1984 forderten die Zürcher Natur- und Heimatschutzorganisationen die Schaffung von Mitteln und Wegen, den Vollzug der bestehenden Naturschutzgesetze durchzusetzen, um weitere Schädigungen zu verhindern. Bis heute werden allerdings Vergehen gegen die Naturschutzgesetze nur in den allerwenigsten Fällen geahndet. Zudem sollten dringend Bewirtschaftungs- und Pflegebestimmungen für die einzelnen Gebiete erarbeitet werden. So hat hat das Buwal 1993 festgestellt, dass solche Bestimmungen erst für jedes vierte Reservat vorliegen. Dieser Mangel lässt sich allerdings angesichts der schmalen Budgets für den Naturschutz kaum beheben.

Darüber hinaus sollten auch die negativen Auswirkungen der oben beschriebenen Randeffekte reduziert werden. Dafür wird es nötig sein, Übergangszonen zu schaffen, die den Kernbereich von den intensiv bewirtschafteten Flächen abgrenzen. Die Einrichtung solcher Pufferzonen, die beispielsweise nicht gedüngt werden dürfen, hat aber leider in der Praxis nie eine grössere Bedeutung erlangt. Grund hierfür ist die geringe Landfläche, die dem Naturschutz bisher zugestanden wurde. In den meisten Fällen waren Naturschützer froh, wenigstens die Kernzone einer bedrohten Lebensgemeinschaft sichern zu können.

Vernetzung von Biotopen

Die Resultate des Biodiversitätsprojektes führen uns deutlich vor Augen, dass die biologische Vielfalt nur dann zu retten ist, wenn Schutzgebiete nicht länger als Inseln der Natur in einer naturfernen Agrar- und Industrielandschaft liegen. Sie müssen Knoten eines umfassenden Netzes weiterer Naturschutzgebiete bilden. Dafür ist es nötig, einzelne Flächen zwischen den Reservaten zu renaturieren sowie noch bestehende naturnahe Flächen unter Schutz zu stellen. Nur so kann ein grossflächiges Schutzgebietssystem entstehen, das den Austausch von Individuen zwischen den Reservaten ermöglicht und so den überlebenswichtigen Genfluss wiederherstellt. Bestandsgefährdete Populationen werden auf diese Weise durch Zuwanderung gestärkt und vor dem Aussterben bewahrt.

Während eine umfassende Renaturierung von Fliessgewässern, Feuchtgebieten und Auenwäldern derzeit unrealistisch erscheint, wäre die konsequente Unterschutzstellung aller noch halbwegs intakten oder reaktivierbaren Lebensräume ein machbarer und wesentlicher Schritt in Richtung eines solchen Biotopverbundes. In der Schweiz stehen wir vor der einmaligen Situation, dass von mehreren Biotoptypen fast alle noch existierenden Standorte bekannt sind: Die vom Bund erhobenen Inventare der Biotope von nationaler Bedeutung wurden mit dem Ziel eingeführt, den weiteren Verlust wertvoller Lebensräume zu stoppen. Der Schutz der einzelnen Objekte muss aber rasch und konsequent erfolgen, denn eine Sicherung zur jetzigen Zeit ist wesentlich billiger als eine spätere Renaturierung. Höchste Priorität geniessen Lebensräume wie Hochmoore, deren Vernichtung irreparabel ist.

Schützen und Nützen bildeten bislang scharfe Gegensätze im Vokabular des industrialisierten Menschen. Nutzte er einen Landstrich, etwa um Ackerbau zu betreiben oder um Siedlungen zu bauen, litt die natürliche Vielfalt. Umgekehrt warf ein geschütztes Gebiet in den allermeisten Fällen kaum Gewinn ab; es bot den Menschen vor Ort keine Lebensgrundlage. In den ländlichen Gebieten der Schweiz, wo die Vielfalt am ärgsten unter Druck steht, wehren sich deshalb die Betroffenen oft gegen Bestimmungen und Schutzzonen zum Schutz der Biodiversität. Randregionen, meist wirtschaftlich nicht gerade auf Rosen gebettet, sind auf die Nutzung ihrer natürlichen Ressourcen angewiesen.

Einen Ausweg aus diesem Dilemma könnte ein neuer Typ von Schutzgebieten bieten, die sogenannten Biosphärenreservate. Solche Gebiete bestehen aus einer streng geschützten Kernzone, einer Pflegezone und einer vom Menschen bewirtschafteten Entwicklungszone. Innerhalb der dritten Zone gibt es Sanierungsbereiche.

● In der Kernzone sind weder Nutzung noch Pflege der Natur zugelassen; die Natur bestimmt selber, wie sie sich entwickelt.

● In der Pflegezone sind Pflege und Nutzung zugelassen, wenn sie den Zielen des Naturschutzes dienen. Oft werden Eingriffe vorgenommen, die einst wirtschaftlichen Zwecken dienten und heute nicht mehr rentabel sind, aber der Natur nützen. Beispiele sind das Mähen von Feuchtwiesen sowie die Mittelwaldbewirtschaftung.

● Die Entwicklungszone ist flächenmässig am umfangreichsten und umfasst den Siedlungs- und Wirtschaftsraum der Menschen. Modellhaft wird hier eine umweltverträgliche Landnutzung entwickelt. Zum Beispiel sanfter Tourismus und ökologischer Landbau.

● Die Sanierungsbereiche umfassen Gebiete, die durch die frühere Nutzung geschädigt wurden und nun ökologisch aufgewertet werden. Das kann die Renaturierung eines Baches oder die Sanierung einer Deponie sein.

Ziel dieses von der UNESCO geförderten Reservatstyps ist es, die Nutzung von Landschaften zu ermöglichen und dabei die biologische und landschaftliche Vielfalt zu erhalten. Die UNESCO ist die UNO-Organisation für Wissenschaft, Kultur und Bildung. Biosphärenreservate bezwecken eine nachhaltige Nutzung der natürlichen Ressourcen. Gleichzeitig sollen sie die Regionalwirtschaft und die kulturelle Indentifikation der Bewohnerinnen und Bewohner stärken. In Biosphärenreservaten wird also eine nachhaltige, das heisst eine umwelt-, wirtschafts- und sozialverträgliche Entwicklung angestrebt.

Heute stehen weltweit rund 360 Landschaften auf der Liste der Biosphärenreservate, darunter 13 in Deutschland. In der Schweiz steckt die Entwicklung noch in den Kinderschuhen. Zwar hat der Bund den Schutz der Moorlandschaften im Prinzip nach der selben Grundidee aufgebaut, doch nur im kleinen Massstab. Es fehlt hierzulande derzeit noch an nationalen Kriterien zur Definition solcher Grossschutzgebiete. Das Bundesamt für Umwelt, Wald und Landschaft hat sich aber daran gemacht, die Grundlagen für die Ausweisung von Biospärenreservaten zu schaffen. So sollen Mindestgrösse, Anteil an Naturschutzgebieten und Pufferzonen festgelegt werden. Zu den Entscheidungsgrundlagen gehört auch eine Liste charakteristischer Landschaftstypen. Jedes Land kann pro Landschaftstyp nur ein einziges Biosphärenreservat einrichten, das dann als Modellregion gilt. Nach Einschätzung des BUWAL soll die Realisierung von einigen Grossschutzgebieten in etwa 15 Jahren möglich sein.

Obwohl bislang die gesetzlichen Grundlagen zur Einrichtung eines Biosphärenreservates fehlen, steht bereits der erste Kandidat für ein solches Gebiet bereit. Das 1997 gestartete Projekt «Lebensraum Entlebuch» will für das Luzerner Voralpengebiet die UNESCO-Anerkennung als Biosphärenreservat erlangen. Hinter dem Projekt stehen diverse regionale Organisationen sowie der Kanton Luzern und der Bund. Das Entlebuch könnte das erste Schweizer Biosphärenreservat nach den heute gültigen internationalen Richtlinien werden. Der Schweizerische Nationalpark befindet sich zwar bereits in der Liste der Biosphärenreservate, jedoch stand bei seiner Anerkennung im Jahr 1972 noch der reine Schutzgedanke im Vordergrund; der Park im Engadin wird wohl seinen Status bei einer der kommenden, periodischen Neubeurteilungen verlieren. Dereinst wäre das Entlebuch vielleicht die erste Region in der Schweiz, die nachhaltig ist – ein Zukunftsmodell für die ganze Schweiz.

Landwirtschaft umgestalten

er Landwirtschaft kommt eine Schlüsselstellung zu: Gelingt es, unsere Äcker, Felder und Wiesen für wilde Pflanzen und Tiere bewohnbarer zu machen, ist für die Biodiversität viel gewonnen. Deshalb richteten die Forschenden des Biodiversitätsprojektes ein Hauptaugenmerk auf die Agrarwirtschaft. Seit 1992 verknüpft der Bund seine Direktzahlungen an die Bauern mehr und mehr mit ökologischen Auflagen. Die Richtung stimmt: Ökologische Ausgleichsflächen tragen in hohem Masse zur Erhöhung der biologischen Vielfalt bei. Doch die Forschenden haben auch festgestellt, dass Verbesserungen nötig sind. Ihre Untersuchungen tragen zum gegenseitigen Verständnis der Akteure bei und könnten damit den Grundstein zu einer Politik legen, die ihre Ziele besser erfüllt. Mit praktischen Projekten eröffnen die Wissenschafterinnen und Wissenschafter neue Möglichkeiten der Unkrautbekämpfung und zeigen auf, dass sich eine rentable Landwirtschaft durchaus mit der Förderung von Biodiversität veträgt.

Revolutionäre Landwirtschaftspolitik

Bis in die späten 80er-Jahre hinein bekamen Bauern Zuschüsse ungeachtet ihrer Produktionsweisen ausbezahlt. Eine Landwirtschaftspolitik indes, die Jahr für Jahr Milliardenbeträge in einen kleinen Wirtschaftszweig pumpt, der die einst vielfältige Landschaft zusehends in eine Agrareinöde verwandelt, liess sich immer schwerer rechtfertigen. Sie lief dem Willen der zahlenden Öffentlichkeit entgegen, war ökologisch und ökonomisch höchst bedenklich. Aber erst sehr spät und unter dem Druck der globalen Freihan-

Trostloses Maisfeld
Der Bauer sollte nicht für seinen Produktionseifer, sondern auch für die Aufwertung von Lebensräumen und die Pflege der Kulturlandschaft belohnt werden.

delsbestrebungen setzte sich die Idee durch, dass, wenn schon die öffentliche Hand dem Bauernstand je nach Region über die Hälfte des Reinerlöses sichert, diese Gelder mit ökologischen Auflagen verbunden sein müssten. Damit könnte nicht nur der enorme Druck auf die Landschaft gemildert, sondern gleichzeitig auch internationale Anforderungen an die Subventionspraxis erfüllt werden. Ein Umbruch, der als Revolution in der Landwirtschaftspolitik bezeichnet werden darf, begann im Jahr 1993: Die Schweiz rückte von staatlichen Preisstützungen und produktionsabhängigen Förderungen ab. Um die einheimische Landwirtschaft dennoch am Leben zu erhalten, begann der Bund anstelle der traditionellen Subventionen vermehrt Direktzahlungen zu entrichten. Mit dem Artikel 31b des Landwirtschaftsgesetzes erhielten die Landwirte eine Reihe von Möglichkeiten, wie sie ihr Einkommen fortan mit ökologischen Leistungen sichern konnten. Der Bauer sollte fortan nicht für seinen Produktionseifer, sondern für sein agrarwirtschaftliches Engagement sowie für die Aufwertung von Lebensräumen und die Pflege der Kulturlandschaft belohnt werden.

Das Bundesamt für Landwirtschaft hat die Umverteilung zügig vorangetrieben, und bereits 1998 betrug die Summe aller Direktzahlungen 2,54 Milliarden Franken. Die Landwirtschaft reagierte rasch: Wurden 1993 von den insgesamt 1,1 Millionen Hektaren landwirtschaftlicher Nutzfläche erst 18 Prozent nach den Richtlinien der «Integrierten Produktion» (IP) oder dem «Biologischen Landbau» (Bio) bewirtschaftet, kletterte dieser Anteil bis 1998 auf

84 Prozent. Um auch die restlichen Landwirte zu motivieren, diesem Trend zu folgen, werden sämtliche Direktzahlungen seit dem 1. Januar 1999 nur noch dann ausbezahlt, wenn der Betriebsleiter einen «Ökologischen Leistungsnachweis» erbringen kann, der in etwa den IP-Richtlinien entspricht. Insgesamt unterscheidet der Bund bei den Direktzahlungen fünf Beitragsgattungen (siehe Kasten auf der nächsten Seite), wobei besonders den ersten beiden grosse Bedeutung beim Schutz der biologischen Vielfalt zukommt.

Für die Landwirte stellen die Direktzahlungen stabile und vom Markt unabhängige Einnahmen dar. Da der Anteil der Direktzahlungen am Rohertrag zur Zeit in den Talzonen durchschnittlich 15 Prozent und in der höchsten Bergzone gar 50 Prozent beträgt, kann sich heute praktisch kein Landwirt mehr ein Abseitsstehen leisten. Für die biologische Vielfalt scheinen bessere Zeiten anzubrechen: So wurden 1998 über acht Prozent der landwirtschaftlichen Nutzfläche als ökologische Ausgleichsflächen ausgewiesen – allerdings mit grossen regionalen Unterschieden. Während in den Berggebieten fast 12 Prozent der Nutzfläche als ökologische Ausgleichsflächen gelten, sind in den Talgebieten, wo der Druck auf die biologische Vielfalt besonders gross ist, weniger als 6 Prozent dem ökologischen Ausgleich gewidmet.

Keineswegs optimal ist auch die Qualität der Ausgleichsflächen: Zwar konnten in der ersten Umstellungsphase 1993 über 51 000 Hektaren an Ausgleichsflächen verbucht werden – das sind immerhin über 40 000 Hektaren mehr als das IP- und Bio-Obligatorium. Die überwiegende Mehrheit dieser Flächen haben die Bauern aber schon vor der Ökologisierung der Agrarpolitik extensiv bewirtschaftet; ausserdem liegen sie in ökologischen Randbereichen. Es sind Flächen wie beispielweise extrem steile oder abgelegene Wiesen und Weiden, Weg- und Waldränder oder Feuchtgebiete, die maschinell nicht zu bewirtschaften sind.

Auch wenn infolge der konkreten und strengen Vorgaben manche nun als Ausgleichsflächen ausgewiesene Extensivgebiete aufgewertet und eventuell vor einer Intensivierung bewahrt wurden, wich die anfängliche Euphorie bei vielen Akteuren doch zunehmend einer Ernüchterung. Neue Fragen tauchten auf: Haben die Landwirte überhaupt Verständnis für die neue Politik? Wie sehen die Bauern ihre Zukunft in einer nachhaltigen Landwirtschaft? Verunkrautet unsere Landschaft bei zunehmender Extensivierung? Nüt-

Ergänzende Direktzahlungen

Die Ergänzenden Direktzahlungen haben zum Ziel, trotz sinkender Agrarpreise und ungünstiger Handelsbedingungen die gemeinwirtschaftlichen Leistungen der Landwirtschaft aufrechtzuerhalten. Dazu gehört nicht nur die Pflege der Kulturlandschaft, sondern auch die Erhaltung der Funktionsfähigkeit des ländlichen Raumes sowie die Sicherstellung der Nahrungsmittelproduktion. Die ergänzenden Direktzahlungen setzen sich zusammen aus einem Betriebsbeitrag – bestehend aus einem Grundbeitrag und einem Zusatzbeitrag für Tierhalter – sowie einem Flächenbeitrag – bestehend aus einem Basis- und einem Grünlandbeitrag. Die Auszahlung ist an Auflagen gebunden: So müssen die Betriebe mindestens sieben Prozent ihrer landwirtschaftlichen Nutzfläche als ökologische Ausgleichsfläche ausweisen oder mit nachwachsenden Rohstoffen bepflanzen. Die Tierhalter sind zudem im Rahmen des Gewässerschutzes verpflichtet, einen bestimmten Tierbesatz pro Hektare nicht zu überschreiten.

Ökologische Direktzahlungen

Mit den Ökologischen Direktzahlungen soll die Artenvielfalt im landwirtschaftlich genutzten Raum gezielt erhöht und erhalten, die Nitrat- und Phosphorbelastung gesenkt, der Einsatz von Hilfsstoffen wie Pflanzenbehandlungsmittel reduziert und besonders tiergerechte Haltungsformen gefördert werden. Landwirte erhalten dabei Beiträge für Flächen, die nach den Richtlinien des biologischen Landbaus oder den Regeln der Extensoproduktion bewirtschaftet werden. Zudem werden Beiträge pro Grossvieheinheit für besonders tierfreundliche Stallsysteme entrichtet. Für die biologische Vielfalt von besonderer Bedeutung ist die Förderung von Flächenstilllegungen und extensiv genutzten Flächen. So wird mit den sogenannten Buntbrachen der ökologische Ausgleich speziell in den ackerbaubetonten Regionen gefördert. Auf dem stillgelegten Ackerland muss eine empfohlene Saatmischung mit einheimischen Wildkräutern angesät werden, wofür der Landwirt mit 3000 Franken pro Hektare und Jahr entschädigt wird. Dank diesem Programm konnten 1998 rund

380 Hektaren Buntbrachen registriert werden. Gefördert werden zudem Hochstamm-Feldobstbäume, extensiv genutzte Wiesen, Hecken und Feldgehölze sowie Streuflächen, die weder gedüngt noch mit Herbiziden behandelt werden dürfen. Extensiv genutzte Wiesen und Streuflächen dürfen zudem erst zu einem späten Zeitpunkt geschnitten werden. Beiträge für extensive Wiesen auf ehemaligem Ackerland sollen im Talgebiet die Stillegung von Ackerland fördern. Sie haben somit nicht nur eine ökologische Zielsetzung, sondern dienen auch der Produktionslenkung. Neben dem ordentlichen Betrag von 3000 Franken pro Hektare haben die Kantone die Möglichkeit, einen vom Bund finanzierten Zusatzbetrag von 1000 Franken pro Hektare für Flächen auszurichten, die in Grundwasserschutzzonen liegen.

Ausgleichszahlungen für erschwerende Produktionsbedingungen

Diese Beiträge gleichen die durch die natürlichen Bedingungen wie Klima und Topographie verursachten höheren Produktionskosten aus und verbessern so die Einkommenslage der Landwirte in den Berggebieten.

Produktionslenkende Direktzahlungen

Diese werden zur Lenkung der Produktion und zur Absatzsicherung eingesetzt. Dazu gehören die Beiträge an Kuhhalter ohne Verkehrsmilchproduktion, die Anbauprämien für Futtergetreide und Körnerleguminosen, die Beiträge für Grünbrache und nachwachsende Rohstoffe, die Zulage für verkäste Milch sowie die Siloverbotsentschädigung.

Sozialpolitisch motivierte Direktzahlungen

Damit werden wirtschaftlich schwächere Kleinbauern sowie landwirtschaftliche Arbeitnehmer in Form von Kinder- und Haushaltszulagen unterstützt.

zen die Ausgleichsflächen der biologischen Vielfalt? Das Biodiversitätsprojekt versuchte in mehreren Projekten, Antworten auf diese wichtigen Fragen zu finden.

Der «saubere» Betrieb

Veränderungen in der landwirtschaftlichen Bewirtschaftungsweise, welche die Artenvielfalt erhalten oder fördern, müssen durch die Landwirte umgesetzt werden. Deshalb ist es nötig, dass nicht nur Naturschützende, sondern auch Bauern einen Sinn in den Massnahmen sehen. Dazu ist es unerlässlich, dass die Politiker und Planenden die bäuerliche Sichtweise und Logik begreifen und berükksichtigen. Luzia Jurt (1998) hat diesen bis jetzt eher stiefmütterlich behandelten sozialwissenschaftlichen Aspekt untersucht und in zahlreichen Interviews und Gesprächen mit Bäuerinnen und Bauern denn auch festgestellt, dass sich die Bewertung der biologischen Vielfalt durch die Bauern und durch Experten von Bund, Kantonen und Naturschutz grundsätzlich unterscheiden.

Die von Luzia Jurt befragten Bäuerinnen und Bauern waren sich alle darin einig, dass ihnen eine unbewirtschaftete Natur nicht gefallt. Würden sie die Landschaft nicht in Ordnung halten, würde das Land «verganden, versteppen und verbuschen, es wäre verwuchert, verwildert und voll Dornen». Diese ästhetischen Vorstellungen spiegeln sich natürlich auch in der bäuerlichen Produktionsweise wieder. Der gesamte Betrieb muss «ordentlich, aufgeräumt und sauber» sein, damit die Bäuerinnen und Bauern von einem «schönen Betrieb» sprechen. Und nur ein «schöner Betrieb» wird mit einem «guten Bauern» gleichgesetzt, dem auch Anerkennung gezollt wird. Der «Ordnung und Sauberkeit» auf dem eigenen Land kommt daher eine nicht zu unterschätzende Bedeutung für die innere Zufriedenheit sowie für die Akzeptanz innerhalb der Bauerngemeinschaft zu. Diese fest verankerte Ordnungsidee steht aber in Widerspruch mit den Zielen der neuen Landwirtschaftspolitik. Um Direktzahlungen zu erhalten, müssen die Landwirte nämlich ökologische Ausgleichsflächen wie beispielsweise Extensivwiesen anlegen. Die Bewirtschaftung findet plötzlich unter veränderten Rahmenbedingungen statt, die aber den ästhetischen Vorstellungen der Bauern mitunter völlig widersprechen. Den Bauern wird die Kontrolle über

Der gesamte Betrieb muss «ordentlich, aufgeräumt und sauber» sein, damit die Bauern von einem «schönen Betrieb» sprechen.

einen Teil ihres Landes entzogen, auf dem sie ihre Ordnungsidee nicht realisieren können.

Sehr schwierig gestaltet sich die Umstellung eines Betriebes auf die biologische Produktion, bei der extensive Bewirtschaftungsweisen eine grosse Rolle spielen. Wie die folgende Episode zeigt, handelt der Bauer nicht nur entgegen seinen eigenen ästhetischen Vorstellungen, sondern auch entgegen denjenigen seiner Nachbarn: Der Nachbar eines Biobauern ärgerte sich, weil ab und zu Samen von der Buntbrache auf sein Feld wehten. Als Konsequenz darauf verlieh er ihm den Kipper zum Rübenausladen nicht mehr. Und selbst der betroffene Biobauer glaubt, dass viele Betriebe wieder von der extensiven Bewirtschaftungsweise abrücken werden, «weil das einfach eine Schweinerei im Land gibt».

Kaum ein Landwirt kann sich daher zur Zeit mit der neuen Politik identifizieren und setzt die von ihm verlangten Massnahmen nicht den Zielen entsprechend um. Ein grosser Teil der Betriebsleiter steht der Förderung der biologischen Vielfalt gar feindselig gegenüber: So bewerten fast die Hälfte der Landwirte Extensivwiesen als «hässlich» oder als «Verunstaltung der Landschaft». Das heisst allerdings nicht, dass Bauern keinen Gefallen an Blumenwiesen finden. «Es ist schön zu sehen, wenn viele Blumen und Pflanzen in einer Wiese wachsen, auch wenn ich weiss, dass vom Vieh nicht alles gefressen wird. Also mir gefällt entweder eine Wiese, die saftig ist mit schönem Futter für die Kühe, oder dann eine Blumenwiese. Von meiner Gesinnung her gefällt mir eine Wiese mit vielen Blumen. Ich kann aber auch eine Wiese schön finden, die ich morgen mähen kann und die schönes Heu gibt. Es kommt auf den Standpunkt an.» Diese Äusserung eines Betriebsleiters verdeutlicht den Rollenkonflikt, in dem sich die Landwirte zur Zeit befinden: Sie stehen in einem Spannungsfeld zwischen den produktiven «schönen Wiesen», die auch dem im landwirtschaftlichen Unterricht vermittelten Idealbild der Wiese entsprechen und den «schönen Wiesen» aus der Sicht nicht-bäuerlicher Gesellschaftsgruppen, die die unproduktiven Wiesen bevorzugen.

Dass Massnahmen zur Förderung der Artenvielfalt bei den Landwirten kaum Akzeptanz finden, hängt auch damit zusammen, dass viele Bauern dem Bund und auch den landwirtschaftlichen Beratungsstellen skeptisch gegenüber stehen. Kein Wunder: Gab es beispielsweise noch vor 10 bis 20 Jahren von einigen Kantonen finanzielle Mittel für die Trockenlegung von Feuchtwiesen, werden die Bauern heute aufgefordert, diese Flächen wieder zu renaturieren. Aus Sicht der Bauern haben der Bund und die Kantone damit an Glaubwürdigkeit verloren. Viele stellen sich daher von vornherein gegen staatliche Massnahmen, weil sie heute davon ausgehen, dass man am meisten profitiert, wenn man das Gegenteil des Empfohlenen tut...

Trotz der namhaften Ausgleichszahlungen scheinen sich die Landwirte aufgrund ihres mentalen Ordnungskonzepts und ihres Widerstands gegenüber staatlichen Verordnungen noch kaum mit der neuen, ökologisch ausgerichteten Politik anfreunden zu können. Als problematisch für die biologische Vielfalt erweist sich zudem die Tatsache, dass für die Kontrolle des ökologischen Ausgleichs Akkerbaustellenleiter aus der lokalen Bauernschaft zuständig sind. Damit hat der Staat den Bock zum Gärtner gemacht. Der Bund erwägt zwar, die Kontrollfunktion unabhängigen Stellen zu übertragen. Die tief verwurzelte Abneigung gegenüber den Ausgleichsflächen steht aber einer qualitativen Aufwertung der für die biologische Vielfalt so wichtigen Parzellen vorerst weiterhin im Weg.

Artenvielfalt als Produkt

Bei den Landwirten muss ein Transformationsprozess in Gang gesetzt werden, so dass sie einen Sinn in der vom Bund angestrebten Erhaltung und Förderung der Artenvielfalt sehen. Es muss gelingen, die ökologischen Massnahmen in einer Form zu vermitteln, die den bäuerlichen Leitideen nicht widerspricht. Dazu ist es nützlich, die Einstellung der Bauern, die die Förderung der Artenvielfalt als sinnvoll erachten, genauer zu analysieren (Luzia Jurt 1998). Dabei fällt auf, dass viele Bauern den Begriff «Artenvielfalt» oder «Biodiversität» nicht verstehen. Die relativ abstrakten Begriffe lassen sich schwer mitteilen. Zwar haben viele Bauern durch Informationsbroschüren oder landwirtschaftliche Beratungen gelernt, dass Extensivwiesen und andere Ausgleichsflächen die Artenvielfalt fördern, viele bringen die Artenvielfalt aber hauptsächlich mit verschiedenen, für die Produktion vorteilhaften Gräsern auf der Wiese in Verbindung.

Meist argumentieren die Bauern daher auch nicht auf der abstrakten Ebene der Artenvielfalt. Artenvielfalt wird oft als «Produkt» interpretiert, das durch die spezielle Bewirtschaftung der Ausgleichsflächen anfällt. Viele Landwirte sehen sich dabei als eine Art Dienstleistungsunternehmen, das auf ein neues Angebot des Bundes reagiert. Lediglich die finanzielle Entschädigung wird dabei als positiv bewertet. Hier zeigt es sich einmal mehr, dass sich Bauern vor allem als Produzenten fühlen, die neben Milch oder Weizen als neustes Produkt «Artenvielfalt» erzeugen.

Anderen Landwirten reicht diese Einstellung nicht, um die ökologischen Vorstellungen des Bundes umzusetzen: In ihren Augen muss auch eine Blumenwiese einen Zweck haben und darf der Leitidee des Landwirts, das Optimum zu erwirtschaften, nicht widersprechen. Besonders deutlich kommt dies bei Bergbauern zum Ausdruck. Eine Bäuerin, die keinen Zusammenhang zwischen Artenvielfalt und Extensivwiesen sieht, setzt sich dennoch für die ökologische Bewirtschaftungsweise ein: «Diese Ausgleichsflächen bringen sicher etwas für den Tourismus. Wenn all diese Blumen stehen, dann haben wir Leute dort, die Blumen pflücken und einfach Freude haben an den Blumen. Es ist schön. Es ist eigentlich mehr für das Auge. Also es ist einfach etwas für den Tourismus». Da viele Landwirte einen Nebenerwerb aus dem Tourismus beziehen, indem sie beispielsweise Ferienwohnungen vermieten, Produkte im Direktverkauf absetzen oder im Gastgewerbe arbeiten, sind sie bereit, eine in ihren Augen unproduktive Blumenwiese zu tolerieren. Anders als aus der Sicht des Bundes dienen diese Blumenwiesen keineswegs der Förderung der Biodiversität, sondern der Förderung des Tourismus.

Daneben wird immer mehr Landwirten bewusst, dass sie auf einem biologisch geführten Betrieb Kosten für chemische Hilfstoffe weitgehend einsparen können. Zudem lassen sich Tierarztkosten vermindern, weil die Tiere sich häufiger im Freien aufhalten und deshalb nachweislich gesünder und fruchtbarer sind. Diese Bauern sind davon überzeugt, dass sie «näher» an der Natur produzieren als konventionelle oder integrierte Betriebe und dass ihre Produkte gesünder sind. Die bisherige Leitidee von Sauberkeit und Ordnung wird in Frage gestellt. An ihre Stelle tritt die Idee einer naturnahen Landwirtschaft, deren Hauptziel nicht mehr ein möglichst hoher Ertrag ist, sondern die Herstellung gesunder Produkte. Der Produzent

kann sich dabei nicht mehr auf eine Kontrolle der Natur durch chemische Hilfsstoffe stützen, sondern muss vermehrt Nützlinge einsetzen, die er bisher als Unkraut und Ungeziefer wahrgenommen
hat. Dies erfordert ein Umdenken der Bauern.

Dieser Prozess muss allerdings vom Bund aktiv unterstützt werden. Dabei geht es vor allem darum, den Begriff Artenvielfalt mit
produktionstechnischen und ertragssteigernden Vorteilen zu ver-
binden und das entsprechende Wissen zu vermitteln, damit die Förderung der Biodiversität den bäuerlichen Leitideen nicht mehr
widerspricht. Mit dem Wissen um die positive Wirkung von Buntbrachen und Ackerschonstreifen als Lebensraum für Nützlinge
könnten Bauern diese Ausgleichsflächen nicht mehr bloss wider-
strebend dulden, sondern als Teil der immer noch von ihnen kontrollierten Natur akzeptieren. Erst wenn nicht nur Experten, sondern
auch Betriebsleiter in den Massnahmen zur Erhaltung der Biodiversität einen Sinn sehen, ist ihnen auch längerfristig ein Erfolg be-
schieden.

Verunsicherter Bauernstand

Massnahmen zur Ökologisierung der Landwirtschaft müssen neben der psychologischen Komponente auch der ökonomischen Situation der Bauern Rechnung tragen. Dies setzt voraus, dass die betriebswirtschaftlichen Folgen der verschiedenen Bewirtschaftungsformen unter bestimmten Rahmenbedingungen mit Hilfe ökonomischer Modelle errechenbar sind. Die Voraussetzung hierfür ist die Kenntnis der Betriebsstrukturen sowie Daten zu den ökonomischen Bedingungen der Betriebe. Solche Daten hat Annemarie Dorenbos Theler (1998) bei einer schriftlichen Befragung von Bauernbetrieben im Rafzerfeld (Kanton Zürich) erhoben. Insgesamt 58 Betriebe haben zu diversen Fragen Stellung genommen, wobei auf 27 Betrieben auch die Bäuerin einen Fragebogen ausgefüllt hat. Gleichzeitig wurden bei der Umfrage wichtige Anliegen der Bauernfamilien im Hinblick auf die Zukunft der Landwirtschaft aufgedeckt.

Nur noch gerade 40 Prozent der Bauernfamilien im Rafzerfeld erwirtschaften mehr als die Hälfte des Einkommens direkt aus der landwirtschaftlichen Produktion. Lediglich Betriebe mit Spezialkulturen wie Obst- oder Weinbau können mehr als 80 Prozent des Einkommens aus dem Verkauf ihrer Produkte erwirtschaften. Während der Grossteil der Ackerbaubetriebe mit Rindviehhaltung noch mehr als die Hälfte des Einkommens aus der Landwirtschaft beziehen kann, liegt dieser Einkommensanteil bei reinen Ackerbaubetrieben deutlich unter 40 Prozent. Die Direktvermarktung stellt für immerhin 30 Prozent der Befragten eine Einkommensquelle dar, wobei der Anteil am Gesamteinkommen 20 Prozent nicht übersteigt.

Eine wichtige Komponente des Gesamteinkommens bilden mittlerweile die Direktzahlungen, die bei vielen Betrieben über 40 Prozent ausmachen. Dabei fällt auf, dass die Mehrheit der Landwirte auf Ackerbaubetrieben mit Rindvieh einen höheren Anteil (30–50 Prozent) angeben als die Mehrheit der Bauern ohne Rindvieh, was sich unter anderem mit den Tierhalterbeiträgen erklären lässt. Als sehr positiv zu werten ist die Tatsache, dass in 77 Prozent der Fälle die ökologischen Direktzahlungen nach Einschätzung der Betriebsleiter die Hälfte oder mehr der gesamten Direktzahlungen ausmacht. Da in der untersuchten Gegend ein Programm zur Aufwertung der Landschaft läuft, ist diese Situation allerdings keinesfalls re-

Eine wichtige Komponente des Gesamteinkommens bilden mittlerweile die Direktzahlungen, die bei vielen Betrieben über 40 Prozent ausmachen.

präsentativ für die gesamte Schweiz. Interessanterweise geben die Betriebsleiter von Nebenerwerbsbetrieben einen relativ geringen Anteil (1–20 Prozent) der Direktzahlungen am Gesamteinkommen an. Dieses Resultat hängt vor allem damit zusammen, dass deren Haupteinkommen aus einer ausserlandwirtschaftlichen Tätigkeit stammt. Siebzig Prozent der Betriebsleiter von Vollerwerbsbetrieben geben dagegen einen Anteil von über 20 Prozent an; für die Hälfte dieser Betriebsleiter beträgt dieser Anteil sogar zwischen 40 und 70 Prozent.

Insgesamt 42 Prozent der Betriebe beziehen heute ein Einkommen aus einem ausserlandwirtschaftlichen Nebeneinkommen. Insbesondere die Betriebsleiter von Ackerbaubetrieben ohne Rindvieh weisen einen hohen Anteil des Nebenerwerbs am Gesamteinkommen auf. Dagegen haben die Betriebsleiter von Ackerbaubetrieben mit Rindviehhaltung einen geringeren Anteil des Nebenerwerbs angegeben. Dies hängt vor allem mit der Tierhaltung zusammen, die den Bauern stärker an den Betrieb bindet und damit einer nichtlandwirtschaftlichen Tätigkeit im Wege steht.

Insgesamt betrachtet kann zur Zeit nur eine Minderheit der Bauern (33 Prozent) mehr als 50 000 Franken aus der Landwirtschaft erwirtschaften. Etwas mehr als 20 Prozent der Betriebsleiter – ausschliesslich von Vollerwerbsbetrieben – geben ein Einkommen zwischen 50 000 und 80 000 Franken an. Lediglich einer kleinen Minderheit ist es möglich, diese Summe zu übertreffen.

Ungewisse Zukunft

Entsprechend dem niedrigen Einkommen aus dem Verkauf der landwirtschaftlichen Produkte, sehen denn auch viele Bauern keine Zukunft in der Landwirtschaft, wobei es hinsichtlich der Produktionsmethode grosse Differenzen gibt (Annemarie Dorenbos Theler 1998): Der Aussage, dass der eigene Betrieb künftig keine wirtschaftliche Existenz mehr bietet, stimmten 33 Prozent der konventionellen und 17 Prozent der IP-Betriebe zu, dagegen kein einziger Bio-Betrieb. Allerdings ist die Mehrheit aller Personen sich noch nicht im Klaren über die Zukunft des Betriebes.

Bezüglich des Einkommens glauben nur 10 Prozent der Befragten, dass sie ihr landwirtschaftliches Einkommen erhöhen können.

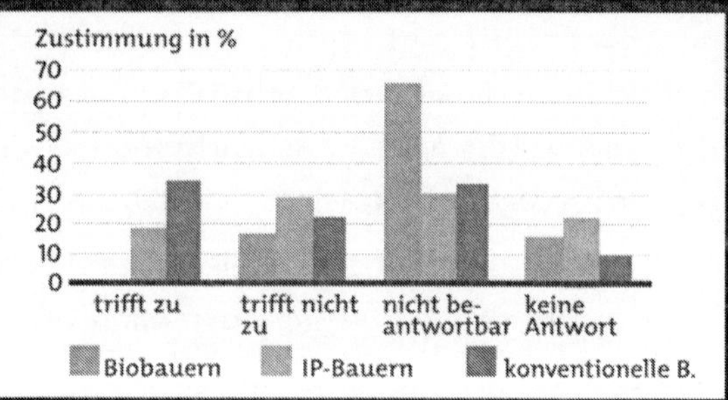

Mehr als die Hälfte erwartet, in Zukunft von einem Nebenerwerbseinkommen abhängig zu werden oder zu bleiben. Die Entwicklung der ökologischen Direktzahlungen wurde allgemein als positiver eingeschätzt als die der allgemeinen Direktzahlungen. Während über ein Drittel der Antwortenden glauben, dass die ökologischen Direktzahlungen stabil bleiben oder steigen werden, sieht ein weiteres Drittel diese Zahlungen eher sinken. Die allgemeinen Direktzahlungen werden nach Meinung von lediglich drei Prozent der Antwortenden stabil bleiben oder steigen. Mehr als die Hälfte glaubt dagegen, dass sie eher sinken werden und knapp ein Drittel nimmt an, dass diese Zahlungen völlig abgeschafft werden.

Immerhin denken knapp 70 Prozent der Befragten, dass die Integrierte Produktion eine ökonomisch langfristig rentable Bewirtschaftungsform ist. Etwas mehr als 70 Prozent betrachten IP zudem als ausreichend für den Schutz der natürlichen Ressoucen. Die ökologischen Vorzüge des IP werden allerdings von Biobauern bezweifelt. Andererseits glauben nur ein Drittel der Befragten, dass der Biolandbau ökonomisch langfristig rentabel ist und lediglich ein Fünftel betrachtet Bio als schöne und angenehme Art zu wirtschaften. Die Leiter von Biobetrieben äusserten sich erwartungsgemäss positiver über den Biolandbau als Bauern von IP oder konventionellen Betrieben. Bei der ökonomischen Rentabilität der jeweiligen Anbaumethode bezog sich allerdings nur eine Minderheit auf konkrete Berechnungen.

Die Umfrage hat gezeigt, dass ein Grossteil der Landwirte verunsichert ist. Es erstaunt daher, dass nur ein verschwindend kleiner Teil der Bauern durch Alternativprodukte oder sonstige Innovationen die eigene Situation zu verbessern gedenken: Der vermehrte Anbau von Spezialkulturen wird lediglich von sechs Prozent der Antwortenden angestrebt und nur sieben Prozent möchten künftig landwirtschaftliche Produkte auf dem eigenen Betrieb verarbeiten. Für immerhin 12 Prozent erscheint eine Direktvermarktung

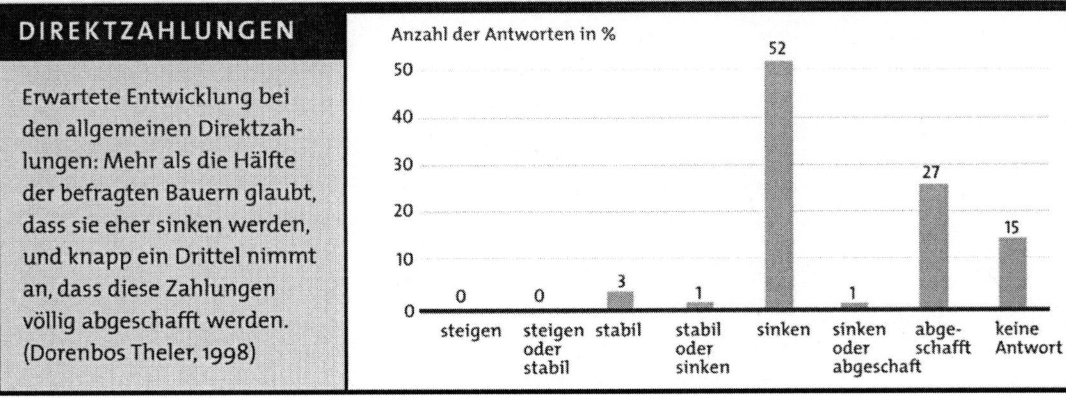

eine mögliche Alternative. Nur gerade acht Prozent der Antwortenden möchten ihre Bewirtschaftung künftig ökologischer gestalten, was nicht weiter verwundert, glauben doch drei Viertel aller Betriebsleiter, dass ihre eigene Bewirtschaftung bereits ökologisch nachhaltig ist. Da die Preise für landwirtschaftliche Produkte weiter sinken, darf der Bund die Direktzahlungen keinesfalls senken. Zudem sollte er die Anreize für ökologische Bewirtschaftungsweisen und innovative Produkte erhöhen.

Der weite Weg zur Nachhaltigkeit

Das zentrale Thema der neuen Landwirtschaftspolitik ist die Erhaltung und Schonung der Ressourcen Boden, Wasser, Biodiversität und Landschaftsbild. Um feststellen zu können, ob die heutige oder zukünftige Bewirtschaftung der Landschaft dem Konzept der Nachhaltigkeit entspricht, ist es aber notwendig, die Auswirkungen menschlicher Eingriffe auf den Naturhaushalt umfassend abzuschätzen. Yvonne Reisner, Dieter Zuberbühler und Bernhard Freyer (1998, 1999) haben dazu ein mathematisches Modell entwickelt, das Aussagen über die potentielle Belastung des Landschaftshaushaltes und seiner Funktionen durch die landwirtschaftliche Nutzung liefert. Für ganze Regionen, einzelne Parzellen und einzelne Betriebe kann so mit Hilfe einer fünfstufigen Werteskala festgestellt werden, wo und in welchem Ausmass die Landwirtschaft die Natur beansprucht. Die Anforderungen an den Ressourcenschutz können dabei beliebig variiert werden. Beispielsweise lässt sich so überprüfen, ob die Richtlinien der integrierten Produktion oder des biologischen Landbaus in einem bestimmten Gebiet eingehalten werden oder nicht. Damit sich das Modell anwenden lässt, müssen allerdings die entsprechenden Kenntnisse über die zur Zeit herrschenden naturräumlichen und landwirtschaftlichen Gegebenheiten der zu beurteilenden Regionen vorliegen.

Getestet haben die Wissenschafterinnen und Wissenschafter ihr Modell bisher in zwei ganz unterschiedlichen Regionen der Schweiz: zum einen in der Gemeinde Küttigen im Aargauer Jura, dessen Landschaft durch eine starke Hangneigung, überwiegende Wieslandnutzung mit vielen Gehölzen und Wald gekennzeichnet ist, zum anderen im flachen und vorwiegend ackerbaulich genut-

IN DIE ZUKUNFT GESCHAUT

Szenario 1: Ökologie pur

Szenario 1 entspricht einer strikten Auslegung des Nachhaltigkeisbegriffs. Bezüglich Natur- und Landschaftsschutz gelten mittlere Anforderungen: Boden und Grundwasser jedoch müssen absolut unversehrt bleiben (kein Bodenabtrag, keine Bodenverdichtung, keine Nitratauswaschung ins Grundwasser. Die Umsetzung von Szenario 1 fordert umfangreiche Massnahmen, die aber unter den heutigen Rahmenbedingungen als nicht durchführbar gelten. Das Experiment ist aber insofern von Interesse, als es die Konsequenzen einer qualitativ hochwertigen und nachhaltigen Landnutzung aufzeigt. Und die sind beträchtlich: Um die Ziele dieses Szenarios zu erreichen, müsste die gesamte landwirtschaftliche Nutzung auf den Kopf gestellt werden – insbesondere im Rafzerfeld. Der Ackerbau, der heute 65 Prozent der landwirtschaftlichen Nutzfläche einnimmt, müsste fast vollständig eingestellt werden, und auf den verbliebenen 4 Prozent müssten strenge Fruchtfolgen eingehalten werden. Zudem müsste die Düngerzufuhr deutlich gesenkt werden. Nicht ganz so drastisch sieht die Situation für Küttigen aus: Zwar würde der Ackerbau auch hier aus der Landschaft verschwinden, dieser spielt aber schon heute eine untergeordnete Rolle.

Szenario 2: Mittlere Anforderungen

Szenario 2 würde die strenge Umsetzung bestehender staatlicher Verordnungen im Boden- und Gewässerschutz nicht nur in Teilgebieten, sondern auf der gesamten Fläche vorsehen. Die Folgen für die Landwirte wären wesentlich moderater als jene aus der rein ökologisch nachhaltigen Landwirtschaft des Szenarios 1. Im Rafzerfeld wäre ein Anpassungsbedarf auf 20 Prozent der landwirtschaftlichen Nutzfläche notwendig. Einzelne Gebiete in Küttigen müssten sogar gar keine Änderungen vornehmen und können nach den Anforderungen dieses Szenarios bereits heute als nachhaltig bewirtschaftet angesehen werden.

Szenario 3 und 4: IP und Bio für alle

In den Szenarien 3 und 4 sind die gesetzlichen Vorgaben der Gewässerschutzverordnung und der Verordnung über Belastungen des Bodens einzuhalten. Szenario 3 geht dabei von einer flächendeckend integrierten Produktion aus, und dem Szenario 4 wird ein flächendeckender biologischer Landbau zugrunde gelegt, der beispielsweise vermehrt das Anlegen nützlingsfördernder Strukturen vorsieht. Für Szenario 3 (IP) heisst dies, dass die 40 Prozent heute noch konventionell wirtschaftenden Betriebe im Rafzerfeld auf die integrierte Produktion umstellen müssten; in Küttigen arbeiten heute gar noch 70 Prozent der Betriebe konventionell. Bezüglich der Landnutzung ergeben sich weit geringere Unterschiede im Vergleich zur heutigen Situation, als dies bei den ersten beiden Szenarien der Fall wäre. Dass es aber überhaupt Differenzen zu den Verordnungen gibt, zeigt, dass die bestehenden Bestimmungen mangelhaft vollzogen werden.

zen Rafzerfeld im Kanton Zürich. Neben einer Auswertung des verfügbaren Grundlagenmaterials – beispielsweise Bodenkartierungen und Naturschutzinventare – führte Yvonne Reisner vom Forschungsinstitut für biologischen Landbau in Frick detaillierte Felderhebungen durch, um den Ist-Zustand der beiden Regionen zu ermitteln. Bevor die Testregionen auf eine nachhaltige Bewirtschaftung hin geprüft werden konnten, musste die Frage nach der Definition der Nachhaltigkeit geklärt werden. Da jeder etwas anderes unter dem dehnbaren Begriff versteht, liess Yvonne Reisner das Modell mit vier verschiedenen Anforderungen an den Ressourcenschutz laufen (siehe Kasten auf der Seite gegenüber).

Mit Hilfe des Modells kann der Handlungsbedarf zur Erreichung von Szenariozielen bis zur einzelnen Parzelle festgestellt werden. Damit besteht für Anwender die Möglichkeit, sich diejenigen Ziele der ökologischen Nachhaltigkeit zu wählen, welche unter den gegebenen einzelbetrieblichen Bedingungen sinnvoll und wirtschaftlich realisierbar sind.

Die Entwickler räumen ein, dass der Aufwand für die Modellerstellung zwar sehr gross ist. Allerdings kann nur so eine umfassende Grundlage geschaffen werden, um eine Region nachhaltig zu entwickeln. Deshalb erhoffen sich die Forschenden, dass die Verantwortlichen der Testgebiete den Ansatz aufgreifen und anwenden werden.

Versinken die Äcker im Unkraut?

Mit der Einführung der ökologischen Ausgleichsflächen, auf denen der Einsatz von Herbiziden verboten ist, ging bei den Landwirten die Angst um, dass sich diese Gebiete zu Zentren enwikkeln, von denen aus unerwünschte Pflanzen – die so genannten Unkräuter – die Landschaft überschwemmen und die Produktion in der Landwirtschaft gefährden. Zudem machten Experten darauf aufmerksam, dass die Ausgleichsflächen eventuell zu einer Zunahme der genetischen Vielfalt von besonders hartnäckigen Unkräutern führen und damit die geplante biologische Bekämpfung mit Hilfe pflanzenschädigender Pilze erschweren könnten. Diese Befürchtungen machten wissenschaftliche Abklärungen notwendig.

Gemeines Kreuzkraut
Ein weit verbreitetes
Unkraut.

Heinz Müller-Schärer und seine Mitarbeiter (Heinz Müller-Schärer und Markus Fischer 1999) haben daher die genetische Vielfalt von Populationen des Gemeinen Kreuzkrauts (Senecio vulgaris) – einem weit verbreiteten Unkraut – in Buntbrachen und unterschiedlich bewirtschafteten Flächen untersucht. Die Analyse von Pflanzen aus insgesamt 9 Populationen überraschte: Die genetische Variabilität des Unkrauts war nämlich in den Buntbrachen wesentlich geringer als in Rebbergen und Gemüseflächen. Und dies obwohl die Forschenden bisher annahmen, dass der Selektionsdruck durch Herbizide auf bewirtschafteten Flächen derart gross ist, dass er nur Raum für genetisch einheitliche, dafür aber optimal an die diversen Pflanzenschutzmittel angepasste oder resistente Individuen zulässt.

Eine Erklärung für dieses Phänomen lieferte die Analyse der Populationsgrösse: Die genetische Variabilität ist nämlich eng mit der Anzahl der Individuen pro Bestand gekoppelt – und die räumlich begrenzten Buntbrachen enthielten bedeutend weniger Kreuzkrautindividuen, verglichen mit den bewirtschafteten Flächen. Weiter hat eine Analyse von Triazin-Herbizid-resistenten Kreuzkrautpflanzen erstaunlicherweise ein erhöhtes Vorkommen in den Buntbrachen gezeigt. Offenbar wurden die Populationen in den Buntbrachen von nur wenigen und meist Herbizid-resistenten Individuen aus den benachbarten Kulturparzellen gegründet. Die Forschenden erwarten daher, dass die ökologischen Ausgleichsflächen nicht zu einer Erhöhung der genetischen Vielfalt des Gemeinen Kreuzkrauts beitragen und daher biologische Kontrollmassnahmen nicht erschweren.

Mit Pilzen Unkraut jäten

In den vergangenen Jahrzehnten hat sich die Forschung im Bereich der Unkrautbekämpfung hauptsächlich auf die Herstellung von Herbiziden und auf deren Anwendungsmöglichkeiten konzentriert. Der Übergang zu einer nachhaltigen Landwirtschaftspolitik sowie das Inkrafttreten der verschärften Stoffverordnung im Jahr 1999, die jeglichen Einsatz von Herbiziden auf Strassen, Wegen, Plätzen sowie im privaten Bereich untersagt, führten dazu, dass immer weniger Herbizide angewendet werden. Während bei der

Integrierten Produktion zwar je nach Unkrautwuchs und Schädlingsbefall noch gespritzt werden darf, sind chemische Hilfsstoffe auf ökologischen Ausgleichsflächen sowie bei der biologischen Bewirtschaftung gänzlich untersagt. Da dadurch manche Unkräuter zum Problem werden könnten, sind alternative Methoden dringend gefragt. Eine echte Alternative stellt dabei die sogenannte biologische Unkrautbekämpfung dar (Heinz Müller-Schärer 2000). Darunter versteht man den gezielten Einsatz von natürlichen Widersachern der unerwünschten Kräuter, meist Insekten und Pilzen, um die Unkrautdichte unter eine ökonomische Schadensschwelle zu drücken. Besonders nachhaltig wirkt diese Methode dadurch, dass sie nicht in erster Linie versucht, das Unkraut zu vernichten, sondern vor allem die Einschränkung des Wachstums und der Vermehrung zum Ziel hat.

Um den neuen Bedürfnissen der Landwirtschaft gerecht zu werden, haben Heinz Müller-Schärer und Jos Frantzen (1996) im Rahmen eines europäischen Gemeinschaftsprojektes neben andern wichtigen Unkrautarten das gemeine Kreuzkraut als Modellpflanze zur biologischen Bekämpfung untersucht. Das Kreuzkraut verfügt nämlich über sämtliche Eigenschaften, die ein erfolgreiches Unkraut braucht: Es kann bis zu drei Generationen im Jahr ausbilden, weist ein sehr hohes Samenpotential auf, hat Samen, die vom Wind verbreitet werden und rasch keimen. Zudem ist es dem Kreuzkraut als erster Pflanzenart bereits in den späten 60er-Jahren gelungen, Herbizidresistenz zu entwickeln. Innerhalb kurzer Zeit kann es ganze Gärten überwuchern oder landwirtschaftliche Ernten gefährden. So konnten Ertragsausfälle aufgrund des direkten Einflusses von Kreuzkraut in Sellerie- und Karottenkulturen nachgewiesen werden. Auch im Zierpflanzenbereich sowie Obstgärten und Baumschulen gilt das Kreuzkraut als gefürchtetes Unkraut.

Um das Kreuzkraut biologisch zu bekämpfen, hielten die Forschenden zunächst nach natürlichen Feinden Ausschau. Als aussichtsreichster Kandidat stellte sich *Puccinia lagenophorae* heraus, eine Rostpilzart, die höchst wahrscheinlich aus Australien und Neuseeland stammt und in den frühen 60er-Jahren nach Europa eingeschleppt wurde. Der Befall des Rostpilzes führt beim Kreuzkraut zu starken Verformungen sowie zu einer Verminderung der Fotosyntheseleistung. Studien haben gezeigt, dass bei hoher Unkrautdichte eine Infektion des Kreuzkrautes durch den Rostpilz den Salatertrag

Vom Rostpilz *Puccinia lagenophorae* befallenes Kreuzkraut
Die Forschenden konnten eine besonders aggressive Form aus Holland isolieren, die sich gut für den Einsatz zur Bekämpfung des Kreuzkrauts eignen würde. Bei diesem Pilztyp durchwächst der Pilzfaden eine grössere Blattfläche, was zur stärkeren Sporenproduktion und somit zur besseren Verbreitung einer Krankheitsepidemie führt.

um das 2-3fache erhöht, weil die befallenen Pflanzen weniger konkurrenzfähig sind. Dennoch kann der Pilz nur dann erfolgreich in der Unkrautbekämpfung eingesetzt werden, wenn genaue Kenntnisse des Infektionsprozesses sowie potentieller Resistenzmechanismen vorliegen.

Gabriela Wyss und Heinz Müller-Schärer (1998, 1999) haben deswegen den Infektionsweg des Pilzes im Labor eingehend untersucht. Sie kommen zum Schluss, dass eine biologische Bekämpfungsstrategie mit *P. lagenophorae* grundsätzlich möglich ist. Zudem konnten die Forschenden beim Vergleich verschiedener Pflanzenlinien aus mehreren europäischen Ländern eine besonders aggressive Form aus Holland isolieren, die sich gut für den Einsatz zur Bekämpfung des Kreuzkrauts eignen würde. Bei diesem Pilztyp durchwächst der Pilzfaden eine grössere Blattfläche, was zur stärkeren Sporenproduktion und somit zur besseren Verbreitung einer Krankheitsepidemie führt. Es ist dabei nicht zu befürchten, dass das Kreuzkraut rasch auf die aggressive Form des Pilzes reagiert und weniger anfällige Unkrautpopulationen ausbildet. Die Unterschiede zwischen den Kreuzkrautpopulationen bezüglich ihrer Empfindlichkeit gegenüber dem Rostpilz waren derart gering, dass die Forschenden annehmen, dass der Pilz kein bedeutender Selektionsfaktor ist.

Von besonderem Interesse ist die im Freiland gemachte Beobachtung, dass Kreuzkrautpopulationen in Gemüsekulturen erst im Herbst stark befallen werden, dann aber meist vor der Samenreife absterben. Tatsächlich konnten Jos Frantzen und Heinz Müller-Schärer (1999) feststellen, dass der Pilz innerhalb von infizierten Pflanzen überwintern kann. Damit ist der Pilz auf ein Überleben seiner Wirtspflanzen angewiesen, die aber aufgrund des Pilzbefalls eine geringe Überlebenschance haben. Dies bedeutet, dass die Verbreitung des Pilzes im Frühjahr von nur wenigen Individuen gestartet wird und dementsprechend langsam anläuft. Es wäre aber wichtig, dass die unkrautbekämpfenden Eigenschaften des Pilzes bereits früh zum Tragen kommen. Daher wird es nötig sein, den Pilz im Frühjahr künstlich in den Kreuzkrautpopulationen anzureichern. Zur Zeit untersuchen die Forschenden, ob eine davon ausgehende Krankheitsepidemie einen Kreuzkrautbestand so zu schwächen vermag, dass Ernteverluste ausbleiben (Heinz Müller-Schärer und Stephanie Rieger 1998; Jos Frantzen und Heinz Müller-Schärer 1998).

Bunte Brache

Um den hohen finanziellen Aufwand für die Ökologisierung der Landwirtschaft zu rechtfertigen, muss die Wirksamkeit der Massnahmen für die biologische Vielfalt belegbar sein. Daher ist es wichtig, die Entwicklung der ökologischen Ausgleichsflächen zu verfolgen, um den Nutzen der neuen Bewirtschaftungstechniken für die biologische Vielfalt beurteilen zu können.

Der offensichtlichste Beitrag aller Ausgleichsflächen zur biologischen Vielfalt geht wohl von den Buntbrachen aus: Innerhalb weniger Monate kann ein monotones Maisfeld zur blühenden «Wildnis» werden. Mit den traditionellen Brachen haben die Buntbrachen allerdings wenig gemeinsam, da sie mit speziell entwickelten Mischungen von Ackerwildkräutern angesät werden. Zwar wurde bereits Anfang der 80er-Jahre mit Buntbrachen experimentiert, aber erst seit Beginn der neuen Landwirtschaftspolitik hat sie in grossem Stil ihren Weg in die Landschaft gefunden. Allerdings darf ihr Wert nicht alleine über das farbenprächtige Aussehen definiert werden. Sie sind nur dann sinnvoll, wenn sich neben den eingesäten Pflanzenarten auch andere Arten der Ackerbegleitflora sowie Insekten, Vögel und andere Tiere ansiedeln und sich in die Intensivkulturen ausbreiten können.

Zur Untersuchung der Flora und Fauna von Buntbrachen bot sich der Klettgau im Kanton Schaffhausen an – unter anderem deshalb, weil die Vogelwarte Sempach hier seit 1991 ein Projekt zur Förderung von Rebhuhn und Feldhase durchführt. Im Rahmen dieses Projekts wurden in enger Zusammenarbeit mit dem Planungs- und Naturschutzamt Schaffhausen sowie zahlreichen Landwirten gezielt Buntbrachen angelegt (Markus Jenny und andere 1997). Dank dieser Anstrengungen gehört der Klettgau heute zu jenen

Der Klettgau bei Schafffhausen
Seit 1991 läuft in diesem Gebiet ein Projekt zur Wiederansiedlung von Feldhase und Rebhuhn. Im Rahmen dieses Projekts wurden gezielt Buntbrachen angelegt. Dank diesen Anstrengungen gehört der Klettgau heute zu jenen Ackerbauregionen der Schweiz mit der höchsten Dichte an ökologischen Ausgleichsflächen.

Buntbrache
Nicht nur eine Augen-
weide, sondern auch äus-
serst artenreich.

Ackerbauregionen der Schweiz mit der höchsten Dichte an ökologischen Ausgleichsflächen.

Dass Buntbrachen nicht nur optisch eine Bereicherung sind, sondern eine unglaublich diverse Flora beherbergen, hat Karin Ullrich
(1999) überraschend deutlich feststellen können: Insgesamt 234
Pflanzenarten zählte die Wissenschafterin zwischen 1996 und 1998
in den Vegetationsaufnahmeflächen im Klettgau. Da sie von jeder
Teilfläche lediglich vier Quadratmeter betrachtete, liegt die tat-
sächliche Artenvielfalt vermutlich weit höher. Lediglich etwa ein
Viertel der dokumentierten Arten gehörten zu den eingesäten
Arten, weitere neun Prozent waren Kulturpflanzen. Über zwei Drittel sind spontan aufgekommene Wildpflanzen, von denen 105 zu
den Ackerwildkräutern zählen. Insgesamt fanden die Forschenden
in den Buntbrachen 35 Pflanzenarten, die in der Roten Liste der
Schweiz oder der Nordostschweiz zumindest als gefährdet aufge-
führt werden. Von diesen sind über die Hälfte spontan aufgekom-
men. Es scheint so, dass viele Arten all die ungemütlichen Jahrzehnte intensiver landwirtschaftlicher Nutzung in der Samenbank
des Bodens überdauert haben und somit lokal nie wirklich ausgestorben waren. Verbessern sich die Umweltbedingungen wieder,
beispielsweise in einer ökologischen Ausgleichsfläche, sind sie
daher in der Lage, rasch neue Populationen aufzubauen.

Interessanterweise stellte sich heraus, dass die Vegetation der
einzelnen Buntbracheflächen sich zum Teil stark in ihrer Artenzu-

**Adonisröschen (links),
Venus-Frauenspiegel
rechts oben) und Acker-
Rittersporn**
Durch Buntbrachen geför-
derte Ackerwildkräuter.

sammensetzung unterscheidet, was für die biologische Vielfalt als äusserst positiv zu werten ist. Dabei spielte das Alter eine grosse Rolle: So sind in einjährigen Buntbrachen die meisten Arten vorhanden, während die Artenzahl mit steigendem Alter der Brache leicht abnimmt und einige wenige Arten zu dominieren beginnen. Dieser Effekt beruht auf der in einjährigen Buntbrachen im Durchschnitt noch geringeren Grösse der einzelnen Pflanzen. Damit sind sie noch nicht so konkurrenzstark. Später nimmt die Grösse der Individuen zu und es setzen sich konkurrenzstarke Arten durch.

Von grosser Bedeutung sind auch Unterschiede in den Standortverhältnissen. Insbesondere der Bodentyp ist ein wichtiger Faktor: Je nach Lehmgehalt und dem Anteil an Steinen im Oberboden bilden sich dabei unterschiedliche Artenzusammensetzungen aus. Während sich beispielsweise in älteren Buntbrachen auf steinigen Böden einjährige und wenig konkurrenzfähige Ackerwildkräuter noch längere Zeit halten können, werden diese auf schweren und lehmigen Böden rasch von mehrjährigen Wiesen- und Ruderalarten* verdrängt. Wo schon vorher Gras wuchs oder grasreiche Lebensgemeinschaften seitlich angrenzen, dringen Gräser vor allem auf lehmigen und fast steinfreien Böden schnell in Buntbrachen ein und verwandeln diese in einen Wiesenstreifen.

* Ruderalarten sind Pflanzen, die als Pioniere neue Standorte wie etwa Kies- und Schotterflächen, Wegränder und Schutthaufen besiedeln.

Zwei Jahre alte Buntbrache
Mit steigendem Alter nimmt die Artenvielfalt der Brache leicht ab und einige wenige Arten beginnen zu dominieren.

Wanzen
Offensichtlich sind vor allem die häufigen Arten derart mobil, dass sie sich von der Ausgleichsfläche entfernen und sich neue Lebensräume erschliessen.

Insbesondere junge Buntbrachen bieten einer grossen Zahl von seltenen Pflanzenarten einen wertvollen Lebensraum. Aber gilt dies auch für die Tierwelt? Interessiert hat die Forschenden auch, ob sich beispielsweise Insekten von den Buntbrachen aus in den umliegenden und weiterhin intensiv bewirtschafteten Flächen verteilen. Gabriela Uehlinger und Karin Ullrich (1999) haben dazu die Wanzenfauna, die als recht guter Indikator für die gesamte Insektenvielfalt gilt, innerhalb von Buntbrachen sowie in einigen umgebenden Kulturen aufgenommen. Über 140 Wanzenarten zählten die Forscherinnen. Insgesamt war die beobachtete Artenvielfalt und Individuendichte der Wanzen in den Buntbrachen des Klettgaus um ein Vielfaches höher als in den umgebenden landwirtschaftlichen Kulturen.

Um eine eventuelle Ausbreitung der Wanzenarten von den einzelnen Buntbrachen in den landwirtschaftlichen Raum festzustellen, haben die Forschenden die Besiedlung von zwei Quadratmeter grossen Buntbrachebeeten verfolgt, die in verschiedenen Distanzen zu einer ausgedehnten Buntbrache künstlich in den umliegenden Feldern angelegt worden waren (Karin Ullrich und Peter Edwards 1999). Diese Beete wurden anfangs mit einem biologisch abbaubaren Insektizid besprüht, um sicherzustellen, dass nur eingewanderte Wanzen erfasst werden. Einige Wanzenarten sind auf Pflanzenarten spezialisiert, die nur in der Buntbrache sowie in den Beeten vorkamen. Bei diesen konnten die Forschenden sichergehen, dass sie von der Buntbrache aus in die Beete eingewandert sind. Tatsächlich konnten einzelne Tiere von allen in der Buntbrache vertretenen Wanzenarten in die landwirtschaftlich intensiv genutzte Umgebung gelangen. Offensichtlich sind vor allem die häu-

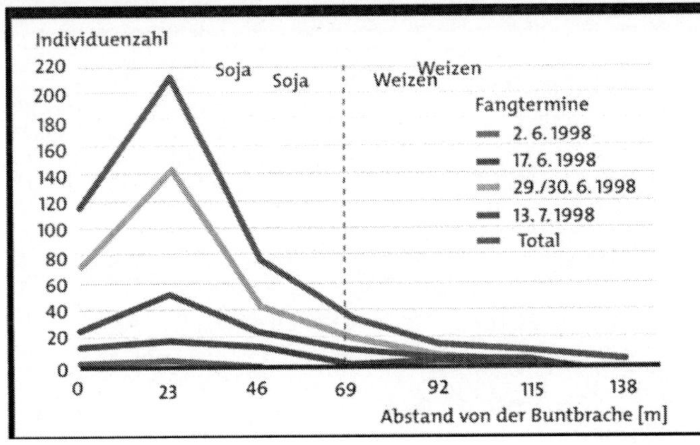

Ausbreitung der Wanzenart *Dicyphus globulifer* von einer Buntbrache in ein Soja- und anschliessendes Weizenfeld. Nach ein paar Wochen haben die Wanzen den Acker besiedelt und die maximal untersuchte Distanz erreicht. (Ullrich und Edwards 1999).

figen Arten derart mobil, dass sie sich von der Ausgleichsfläche entfernen und sich neue Lebensräume erschliessen. Zumindest einige Individuen der meisten Arten schafften es immer, innerhalb weniger Wochen die grösste untersuchte Distanz von 138 Metern zu überwinden. Wie die beiden obigen Abbildungen zeigen, gibt es allerdings mit zunehmender Distanz von den Buntbrachen ganz verschiedene Typen von Verbreitungsmustern. Obwohl die landwirtschaftlichen Intensivflächen keine absolute Barriere zu sein scheinen, spielt der Abstand von den Buntbrachen dennoch eine grosse Rolle. Inwieweit sich die biologische Vielfalt im Agrarraum erhöht, hängt also von der Dichte der Buntbrachen ab.

Wertvolle Extensivwiesen

Trotz der herausragenden Bedeutung der Buntbrachen für die Biodiversität und ihrem grossen ästhetischen Wert in einer ansonsten monotonen Agrarlandschaft wird diese Form der ökologischen Bewirtschaftung immer nur einen kleinen Teil der Ausgleichsflächen ausmachen. So erreichte 1998 die Gesamtfläche der Buntbrachen lediglich 380 Hektaren, verteilt auf 911 Landwirtschaftsbetriebe. Es ist daher wichtig, auch den Beitrag extensivierter Wiesen – die den Grossteil der ökologischen Ausgleichsflächen ausmachen – zur biologischen Vielfalt im Landwirtschaftsraum zu bewerten. Manuela di Giulio, Peter Edwards und Erhard Meister (1999) haben dazu den Einfluss der Bewirtschaftungsintensität von Grünland auf die Artenvielfalt von Insekten untersucht, wobei sie wie schon Karin Ullrich Wanzen als Indikatorgruppe verwendeten.

**Der Schaffhauser Randen
aus der Luft**
Äusserst strukturreiche
Landschaft mit zahlrei-
chen Naturwiesen.

Extensive Wiesen sind
nicht nur individuen-,
sondern auch arten-
reicher als intensiv
genutzte Wiesen.

In vier Aufnahmegebieten im Schaffhauser Randen fanden die Forschenden 93 für Wiesen charakteristische Wanzenarten, von denen fast 20 Prozent auf der Roten Liste von Baden-Württemberg, Bayern oder Deutschland stehen (für die Schweiz existiert noch keine Liste für diese Organsimengruppe). Unabhängig von der Bewirtschaftungsintensität unterschieden sich die vier Untersuchungsräume stark hinsichtlich ihrer Artenzahl und der Artenzusammensetzung. So sind in jedem Gebiet zwischen 13 und 32 Prozent der Arten auf diese Lokalität beschränkt. Diese kleinräumige Verteilung der Arten zeigt, dass die biologische Vielfalt auf keine der bestehenden artenreichen Wiesen verzichten könnte.

Der Vergleich zwischen extensiven Wiesen – darunter einige Flächen, die erst seit 1993 extensiviert wurden – und mittel-intensiven Flächen verdeutlicht, dass die Nutzung sowohl die Dominanzverhältnisse als auch die Zusammensetzung der Wanzengesellschaften beeinflusst. So erwiesen sich extensive Wiesen nicht nur als individuen-, sondern auch als artenreicher als intensiv genutzte Wiesen. Dabei spielte die Anzahl der Schnitte eine wesentliche Rolle. Während nämlich extensive Wiesen nur einmal im Jahr geschnitten und nie gedüngt werden, können mittel-intensive Wiesen bis zu dreimal im Jahr gemäht und mässig gedüngt werden.

Die Unterschiede zwischen den Bewirtschaftungsformen sind

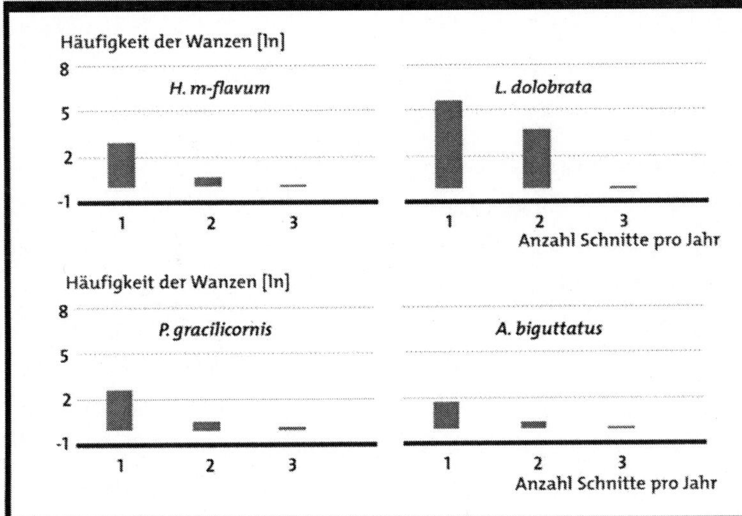

Die Schnitthäufigkeit von Wiesen hat einen deutlichen Einfluss auf die Häufigkeit von Wanzenarten. Signifikante Unterschiede sind mit verschiedenen Buchstaben gekennzeichnet (Di Giulio und andere 1999).

ebenfalls bei der Vegetation deutlich zu erkennen: Sibylle Studer (1999) wies nach, dass mit steigendem Nährstoffgehalt immer weniger Pflanzenarten auf einer Wiese wachsen. Die durch den Dünger im Boden aufrechterhaltene Produktivität kommt dabei nur wenigen Arten zugute, die kaum Platz für andere lassen. In einem Einsaatexperiment untersuchten Sibylle Studer und andere (1999) zusätzlich, wie sich verschiedene Arten in unterschiedlichen Beständen etablieren können. Dabei betrachteten die Forschenden die drei Bewirtschaftungsintensitätsstufen extensiv, wenig intensiv und mittel intensiv. Von den 25 eingesäten Arten zeigten zwar viele keinen Effekt, acht Pflanzenarten keimten aber deutlich besser in den extensiven Wiesen mit ihrer weniger dichten Vegetation.

Interessant ist die Untersuchung mehrerer, im Jahr 1993 extensivierter Flächen. Ein Vergleich durch Sibylle Studer mit weiterhin mittel intensiv genutzten Flächen zeigte, dass die Artenvielfalt in den extensivierten Wiesen nach sieben Jahren bereits deutlich höher liegt. Dies lässt hoffen, dass mit der neuen Agrarpolitik der Grundstein zu einer lebendigeren Landschaft gelegt wurde.

Erfolgskontrolle leicht gemacht

Obwohl zahlreiche Forschungsergebnisse den Wert der ökologischen Ausgleichsflächen für die biologische Vielfalt im Agrarraum belegen, fehlen ausgedehnte und flächendeckende Erfolgskontrollen. Ein wichtiger Grund dafür ist, dass bisherige Erfassungsmethoden wegen der Artbestimmung ausgewählter Tier- und Pflanzenartengruppen sehr aufwändig sind. Dabei wären Untersuchungen zur Qualitätssicherung und Effizienzsteigerung der Massnahmen dringend erforderlich. Andrea Schwab, David Dubois und Peter Edwards (1999a) haben daher versucht, eine rasche Methode zur Beurteilung der biologischen Vielfalt von Buntbrachen zu entwickeln Diese Methode soll – im Gegensatz zu zeitaufwändigen Verfahren wie dem Inventarisieren von Arten – allein auf leicht zu ermittelnden Habitateigenschaften beruhen. Die dabei zugrunde liegende Hypothese besagt, dass die Vegetation als produktive Basis der Ökosysteme und als Hauptfaktor für das Mikroklima die Qualität des Habitats weitgehend bestimmt.

Zunächst haben die Forschenden auf herkömmliche Weise die Artenvielfalt von 30 Buntbrachen im Klettgau und im Rafzerfeld untersucht. Sie wählten die Vegetation, Wanzen und Spinnen als Bioindikatoren und bestimmten deren Artenvielfalt. Das Inventar der ausgewählten Buntbrachen im Klettgau ergab, dass mehrere der gleichzeitig untersuchten Habitateigenschaften einen deutlichen Zusammenhang mit der Artenzahl der Spinnen zeigen, nämlich die fotosynthetisch aktive Strahlung in 30 Zentimetern Höhe, der Deckungsgrad der Leguminosen[*], der Biomasseanteil bestimmter Vegetationsschichten sowie der Deckungsgrad der Bodenstreu. Statistische Analysen ergaben, dass durch diese vier Habitateigenschaften bereits die Hälfte der Schwankungen der Spinnenartenzahl in den untersuchten Buntbrachen im Klettgau erklärt werden kann. Für die Ausprägung der Spinnengemeinschaft erscheinen Habitateigenschaften, die auf das Mikroklima in der untersten Vegetationschicht einen Einfluss haben, von grosser Bedeutung zu sein. Nicht nur die Menge der Pflanzen, sondern auch ihre Dichte (ermittelt durch die fotosynthetisch aktive Strahlung) bestimmen die Artenzahl. Wechselnde Lichtverhältnisse und ein vorteilhaftes Mikroklima ermöglichen ein grösseres Artenspektrum als eine schattige Umgebung. Diese Resultate bestärken die Vermutung, dass die Artenvielfalt bestehender Flächen des Ökotyps Buntbrachen durch Eigenschaften der Vegetationsstruktur geschätzt werden kann.

Da es neben den Buntbrachen noch weitere Typen von ökologischen Ausgleichsflächen gibt, haben Andrea Schwab, David Dubois und Peter Edwards (1999b) versucht, für unterschiedlich intensiv bewirtschaftete Wiesen alternative Aufnahmeverfahren zu entwickeln. Auch in diesen Lebensgemeinschaften, so die Untersuchungen, lassen sich Habitateigenschaften als Mass für die biologische Vielfalt verwenden.

Feldlerche im Steigflug?

Besonders dramatische Folgen hatte die Intensivierung der Landwirtschaft für die im Agrarraum lebenden Vogelarten: Flurbereinigungen zerstören Versteck- und Brutmöglichkeiten, chemische Hilfsstoffe entziehen ihnen die Nahrungsgrundlage und das frühzeitige und häufige Mähen vernichtet die Gelege. Riesige Flächen wurden trockengelegt, Wiesen mussten Maisäckern Platz machen oder wurden überdüngt. Braunkehlchen, Wiesenpieper, Grauammer, Kiebitz und Wachtel gehören zu den grossen Verlierern der rasanten Lebensraumveränderungen im Agrarraum der letzten 50 Jahre. Besonders verheerend sieht die Entwicklung beim Rebhuhn aus: Dessen Bestand sank in der Schweiz in den letzten 30 Jahren von über 10 000 auf weniger als 50 Einzelvögel. Selbst die Feldlerche – ein in Bezug auf den den Strukturreichtum der Landschaft relativ anspruchsloser Vogel – erlebte in den vergangenen Jahrzehnten in vielen europäischen Ländern zum Teil massive Bestandsrückgänge. Vogelkundler hoffen, dass die neue Landwirtschaftpolitik diesen Absturz stoppt oder gar einen Steigflug ermöglicht.

Es ist daher wichtig, die Wirkung aufgewerteter Lebensräume auf die Ökologie und die Bestandsentwicklung ausgewählter Vogelarten aufzuzeigen, um damit die Wirksamkeit der getroffenen Massnahmen abzuschätzen und zusätzliche Empfehlungen zur nachhaltigen Nutzung der Agrarlandschaft zu erhalten. Urs Weibel (1999) hat dazu im Klettgau im Kanton Schaffhausen untersucht, welche Rolle Buntbrachen und andere ökologische Ausgleichsflä-

chen im Leben der als Zeigerart ausgewählten Feldlerche spielen. Die Beobachtungen von futtersuchenden Vögeln aus 24 Territorien zeigte, dass die Tiere Flächen mit bestimmten Feldfrüchten oder Vegetationstypen eindeutig bevorzugen (Urs Weibel 1998). Ein- bis zweijährige lückig eingesäte Buntbrachen führten dabei die Rangliste der beliebtesten Futterplätze an, gefolgt von abgeernteten Getreidefeldern und Feldwegen mit grasigem Mittelstreifen. Als besonders unattraktiv stellten sich Mais- und Getreidefelder heraus, die den Feldlerchen nur spärlich Nahrung in Form von Insekten und Spinnen liefern. Zudem haben Feldlerchen eine Abneigung gegenüber dichter und hoher Vegetation. Lediglich bei den Buntbrachen machen sie aufgrund des ausserordentlich reichhaltigen Nahrungsangebotes eine Ausnahme. Allerdings hat Weibel festgestellt, dass ältere Buntbrachen mit dichter Vegetation zunehmend an Attraktivität verlieren. Es ist deshalb für die Förderung der Feldlerche und anderer Vogelarten besonders wichtig, dass die Buntbrachen nicht zu dicht angesät werden.

Detailliertere Abklärungen haben ergeben, dass die Buntbrachen sowie andere ökologische Ausgleichsflächen noch weitere vorteilhafte Auswirkungen auf das Leben der Feldlerchen haben: So können sich Feldlerchen mit einem Buntbracheanteil in ihrem Revier wegen des damit verbundenen höheren Futterangebotes kleinere Reviere leisten als jene Feldlerchenpaare, die sich nur mit bewirtschafteten Flächen zufrieden geben müssen (Urs Weibel und andere 1999a). Bereits 1994, also nur drei Jahre nach Beginn der gezielten Lebensraumaufwertung im Klettgau, waren Reviere ohne

Ausgleichsflächen durchschnittlich um den Faktor 1,6 grösser als Reviere mit Ausgleichsflächen, die ein Gebiet von 0,7 Hektare umfassen (Markus Jenny und andere 1997). Allerdings gibt es eine ganze Reihe weiterer Faktoren, die kleine Reviere möglich machen. Als besonders wichtig stellte sich die Anzahl verschiedener Feldfrüchte im Territorium heraus. In Gebieten mit einer hohen Feldfruchtvielfalt stellten die Forschenden ebenfalls relativ kleine Reviere fest, auch wenn die einzelnen Teilflächen intensiv bewirtschaftet wurden.

Die Bedeutung der Buntbrachen als ergiebige Futterquelle lässt erwarten, dass Nestlinge von Eltern, in deren Revier ein Stück Buntbrache liegt, rascher wachsen als Jungtiere von jenen Eltern, deren Reviere lediglich herkömmlich bewirtschaftete Flächen umfassen. Dazu haben Urs Weibel und andere (1999b) Nestlinge aus 64 Nestern täglich während der Aufzucht gewogen und vermessen. Günstige, trocken-warme Wetterbedingungen hatten dabei meist grosse Gelege sowie gut ernährte Jungtiere zur Folge. Allerdings war auch der Einfluss im Revier vorhandener Buntbrachen messbar: So befanden sich Jungvögel aus buntbrachehaltigen Revieren tendenziell in besserer Verfassung als jene, die ohne ökologisch aufgewertete Flächen auskommen mussten. Besonders deutlich äusserte sich dieser Unterschied in Zeiten feuchter Witterung, in denen die Nestlinge aus Revieren ohne Anteil an Buntbrachen zum Teil an akutem Nahrungsmangel litten und in einigen Nestern verhungerten. Demnach scheinen Buntbrachen nicht nur eine ergiebige, sondern auch eine sichere und verlässliche Futterquelle zu sein.

Vertrackte Wiederansiedlung

Auch beim Rebhuhn wollten die Forschenden die Auswirkungen der ökologischen Aufwertungsmassnahmen im Klettgau überprüfen. Leider kamen jedoch diese Massnahmen für den Vogel zu spät: 1996 starb der Schaffhauser Bestand aus, was gleichbedeutend mit dem Verschwinden des Rebhuhns in der Deutschschweiz war. Die letzte kleine Wildpopulation lebt heute in der Champagne genevoise. Der Niedergang der Rebhuhnbestände begrenzt sich leider nicht nur auf die Schweiz: Dramatische Bestandsrückgänge sind fast in ganz Europa zu verzeichnen – teilweise um bis zu 90 Prozent. Als typischer Brutvogel des offenen Wiesen- und Ackerlandes besiedelt das Rebhuhn ein Habitat, das sich in den vergangenen 40 Jahren besonders tiefgreifend verändert hat. Nebst dem Mangel an geeigneten Nistplätzen und Deckungsstrukturen ist es die fehlende Insektennahrung als Folge des zu hohen Herbizid- und Insektizideinsatzes, welche die Brutbestände zusammenbrechen liessen.

Als 1998 das ehemals besiedelte Kerngebiet Widen im schaffhausischen Klettgau (rund 5 Quadratkilometer) soweit ökologisch aufgewertet war, dass darin die Rebhühner nach allgemeiner Einschätzung eine Überlebenschance haben, beschlossen Francis Buner, Niklaus Zbinden und Markus Jenny von der Vogelwarte Sempach in Absprache mit Bund und Kanton zu prüfen, ob ausgesetzte Rebhühner in der revitalisierten Landschaft günstige Lebensbedingungen finden. Ein Aussetzen war nötig, da nicht zu erwarten war, dass Rebhühner als ausgesprochene Standvögel das Gebiet von Süddeutschland aus von selbst besiedeln. Um die Rebhühner jederzeit wiederzufinden, haben die Forschenden den meisten Tieren einen 10 Gramm leichten Sender angelegt. So konnte das weitere Schicksal der Vögel verfolgt werden.

Im Frühling 1998 setzten die Wissenschafter im Klettgau 10 Wildfänge aus Süddeutschland sowie 10 Zuchttiere aus. Von den Zuchttieren überlebte kein einziges die erste Woche nach der Freilassung. Von den Wildfängen hingegen konnten 2 Brutpaare beobachtet werden. Eines der Paare brütete 15 Küken aus. Fünf Jungtiere überlebten den harten Winter bis zur Auflösung der Gruppe Anfang März 1999. Um die verbliebenen 6 Rebhühner mit geeigneten Fortpflanzungspartnern zu versorgen, liessen die Wissenschafter im Februar 1999 weitere 14 Wildfänge aus Süddeutschland

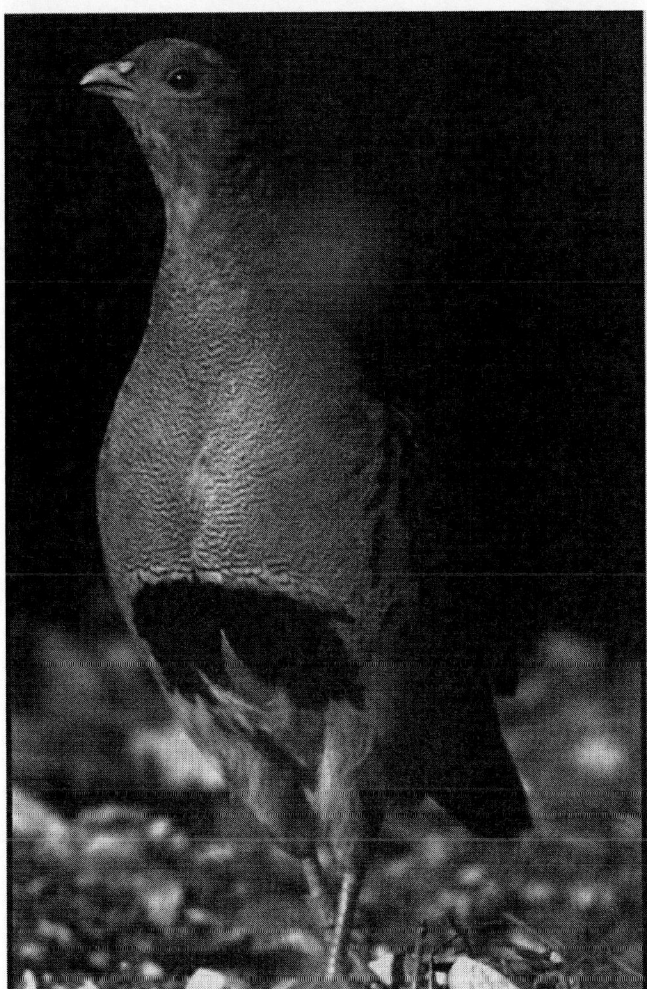

im Untersuchungsgebiet frei. Leider überlebte keines dieser Tiere die ersten zwei Wochen wegen eines Wintereinbruchs mit bis zu 40 Zentimeter Schnee. Dieser machte die noch nicht mit dem Gebiet vertrauten Tiere zur leichten Beute von Füchsen und Mäusebussarden. Im April 1999 wurden nochmals 14 Wildfänge ausgesetzt. Obwohl 4 Paare bis in die Brutzeit überlebten, konnten sie sich 1999 aufgrund des schlechten Wetters im Frühling und im Sommer nicht fortpflanzen. Da alle freigelassenen Tiere mit einem Sender versehen waren, konnten die Verluste auf Räuber – vor allem Fuchs und Mäusebussard – zurückgeführt werden.

Die Habitatnutzung der ausgesetzten Rebhühner war stark vom saisonalen Angebot abhängig. Bunt- und Spontanbrachen waren die meistaufgesuchten Habitattypen. Dies zeigt einmal mehr den hohen Wert dieser ökologischen Ausgleichsflächen, speziell im

Winter, wenn sie den Rebhühnern als eine der wenigen strukturreichen Deckungsmöglichkeiten in der offenen Agrarlandschaft dienen. Für das Rebhuhn weniger optimal ist die Tatsache, dass die Buntbrachen im Untersuchungsgebiet auch überwinternden Kornweihen als Jagdhabitate dienen. Wegen der hohen Mausdichte patroullieren diese eleganten und ebenfalls bedrohten Greifvögel bevorzugt über den schmalen Brachestreifen, welche so für die Rebhühner zur Falle werden. Diese nutzen denn auch die Buntbrachen während dieser Zeit nur beschränkt, halten sich aber gerne in deren unmittelbaren Nähe auf.

Obwohl der Projektverlauf enttäuschend erscheinen mag, deutet die überdurchschnittlich geringe Kükensterblichkeit in den ersten paar Lebenswochen sowie ihre gute Überlebensrate im Winter darauf hin, dass der aufgewertete Klettgau trotz des Vorkommens zahlreicher Raubtiere geeignet sein sollte, um einigen Rebhuhnpaaren das Überleben zu ermöglichen. Nach Einschätzung der Forschenden ist der mässige Erfolg des Projekts auf eine zu geringe Anzahl freigelassener Vögel sowie auf zufällige Wettereinflüsse zurückzuführen. Um das Ziel von 5 erfolgreich brütenden Paaren im Jahr 2000 zu erreichen, sind weitere Freilassungen von Rebhühnern vorgesehen.

Das Projekt hat schmerzhaft vor Augen geführt, wie schwierig es trotz des grossen zeitlichen, administrativen und finanziellen Aufwands sein kann, eine einmal ausgerottete Art wieder anzusiedeln. Es lohnt sich daher, eine Art gar nicht erst aussterben zu lassen und rechtzeitig Schutzmassnahmen zu ergreifen. Selbst wenn die Ansiedlung des Rebhuhns nicht gelingen sollte, hat das Klettgau-Projekt einen wertvollen Beitrag zum Naturschutz geleistet. Und dies nicht bloss wegen der Aufwertung des Lebensraumes für unzählige andere Tier- und Pflanzenarten: Die Aussetzung des Rebhuhns und der Schutz des Feldhasen basierte auf einer partnerschaftlichen Zusammenarbeit, bei der Landwirte, Jäger, Behörden, Forschende und Naturschützende am selben Strick zogen. Das gegenseitige Verständnis, das dabei geschaffen wurde, könnte ein Schlüssel für zukünftige Naturschutzprojekte sein. Zudem wurde auf Initiative der Schweizerischen Vogelwarte Sempach ein extensives Getreideanbauprojekt (Emmer/Einkorn-Projekt) aufgebaut, das in direktem Zusammenhang zu den wissenschaftlichen Aktivitäten steht. Gemeinsam mit dem WWF, der Landwirtschaftlichen Beratungszentrale Lindau und Pro Specie Rara sowie dem regionalen Gewerbe sollen dank der regionalen Vermarktung von hochwertigen und nach strengen ökologischen Kriterien produzierten Produkte wie Brot, Teigwaren, Bier, Schnaps, Spelzkissen usw. bedrohte Arten wie das Rebhuhn gefördert werden. Artenschutz verkommt so nicht zur musealen Übung sondern wird zum Nebenprodukt einer praxisgerechten, extensiven Landwirtschaft.

Natur in Franken und Rappen fassen

euerdings versuchen Wissenschafterinnen und Wissenschafter zunehmend, den immensen Nutzen der Biodiversität auch in Geldwerten zu beziffern. Ziel solcher Monetarisierungen ist es, den Wert der biologischen Vielfalt für unsere Gesellschaft zu verdeutlichen und der Biodiversität so in politischen Entscheiden mehr Gewicht zu verleihen. Zudem sollen damit bislang vergessene Kosten des Biodiversitätsverlusts ins ökonomische Kalkül einbezogen werden. Forschende des Biodiversitätsprojektes stellten solche Berechnungen an und haben gezeigt, dass sie auch in der Schweiz zu wertvollen Resultaten führen. Sie haben auch die ökonomischen Instrumente des Bundes untersucht. Dabei kommen die Forschenden zum Schluss, dass Kompensationszahlungen in der Landwirtschaft noch verbessert werden müssen.

Preisschilder für die Biodiversität

Berechnungen darüber, wieviel Naturgüter wert sind, stellen Forscher seit den 70er-Jahren an. Die ersten sogenannten «Monetarisierungen» fanden im Rahmen von Kosten-Nutzen-Abschätzungen für öffentliche Investitionsprojekte statt. Es interessierte zum Beispiel, welche finanziellen Werte durch die Ausrottung einzelner Arten und die Zerstörung von Lebensräumen verloren gehen. Später begannen sich Ökonomen für die Zahlungsbereitschaft für Naturgüter zu interessieren.

Für die Berechnung der monetären Werte ziehen Ökonomen zwei grundsätzlich verschiedene Methoden heran (siehe Tabelle auf Seite 142): Die kostenbezogenen Ansätze erheben die Scha-

denskosten, die Kosten zur Schadensvermeidung, Reparatur oder Kompensation. Nachfrage-orientierte Verfahren stützen sich auf individuelle Wertschätzungsäusserungen. Darunter fallen die Aufwandsmethode (travel cost method), die etwa den Aufwand in Betracht zieht, um ein Naturgut zu sehen, die Marktpreismethode, die den Anteil der ökologischen Eigenschaft am Preis eines Gutes oder einer Leistung errechnet, sowie die Zahlungsbereitschaftsanalyse (contingent valuation) für nicht auf dem Markt gehandelte Güter oder Dienstleistungen. Bei der Zahlungsbereitschaftsanalyse werden in einer Umfrage die monetären Beträge ermittelt, die eine Gesellschaft für den Schutz eines Gutes zu zahlen bereit ist. Mit dieser Methode haben Basler Wissenschafter beispielsweise er-

WERTE DER NATUR

ie Nutzen der Biodiversität lassen sich theoretisch in verschiedene Kategorien einteilen. Zu unterscheiden sind zunächst Eigenwerte von Nutzwerten. Nutzwerte bringen dem Menschen einen materiellen oder immateriellen Gewinn wie zum Beispiel Essen, Kleidung, Wohlbefinden. Nutzwerte lassen sich weiter unterteilen in direkte und indirekte Nutzwerte sowie in den Optionswert. Direkte Nutzwerte sind etwa Früchte, Baumwolle, Fische, Brennholz, Schönheit einer Naturlandschaft. Indirekte Nutzwerte sind Dienstleistungen wie reine Luft, angenehmes Klima, sauberes Wasser, Stabilität der Ökosysteme. Der Optionswert entspringt unserem Sicherheitsstreben; es ist jener Preis, den wir heute bereit sind zu zahlen, damit es diese Ressource morgen sicher noch gibt. Der Eigenwert besteht aus einem Existenzwert und dem Vermächtniswert. Der Existenzwert erwächst durch blosses Dasein einer Sache, beispielsweise aus dem Wissen, dass es auf der Erde noch Zehntausende von Käferarten gibt, die niemand je gesehen hat. Der Vermächtniswert stellt den Wert dar, den wir künftigen Generationen vermachen wollen.

Kostenbezogene (objektive) Methoden	Nachfrageorientierte (subjektive) Methoden
Kosten des Schadens Hierbei werden die Schadenskosten erhoben, zum Beispiel Ernterückgänge durch Artenverlust oder das Verlorengehen von nicht entdeckten pflanzlichen Wirkstoffen.	**Aufwandmethode** Sie ermittelt versteckte Wertschätzungen für Naturgüter in ökonomischen Handlungen, zum Beispiel Reisekosten, um einen Natur park zu besuchen.
Kosten der Schadensvermeidung Es werden die Kosten der Vermeidung von Schäden erhoben, etwa Ausgaben zur Förderung der Arten vielfalt oder Prämien für ökologischen Anbau.	**Zahlungsbereitschaftsanalyse (contingent valuation)** Sie wird bei vollständig fehlenden Märkten angewendet. In einer Befragung wird versucht herauszufinden, wieviel die Menschen bereit wären, für ein Naturgut zu bezahlen (willingness to pay).
Kosten der Reparatur Hierbei handelt es sich um Aufwendungen für Reparaturen, sofern dies überhaupt möglich ist. Zum Beispiel Kosten für den Aufbau von Genbanken oder Baumassnahmen, um die Erosion durch fehlende Bodenbedeckung zu verhindern.	**Marktpreismethode** Hierbei wird der Anteil an Marktpreisen errechnet, der auf ökologische Qualitäten eines Gutes zurückzuführen ist, zum Beispiel der zusätzliche Wert eines , Grundstückes, wenn es sich im Grünen befindet, oder der Mehrpreis von Biogemüse.
Kosten der Kompensation Aufwendungen, die getätigt werden müssen, um Schäden zu kompensieren. Weil in Kalifornien beispielsweise wilde Bienen ausgerottet wurden, muss die Bestäubung von Kulturpflanzen mit gemieteten Bienen gesichert werden.	

mittelt, dass den Jurabesuchenden der Erhalt der Magerwiesen des Juras 35 Franken pro Monat wert ist. Das ist weit mehr, als der Bund bislang für ihre Erhaltung ausgibt.

Das Instrumentarium für die Erhebung von monetären Werten ist inzwischen weit entwickelt. Und es existiert mittlerweile eine Fülle von Studien, die Naturwerte in Franken und Rappen ausdrücken. Ein amerikanisches Forscherteam unter der Leitung von Robert Costanza hat 1997 in einer viel beachteten Arbeit den jährlichen Wert der weltweiten Biodiversität hochgerechnet. Er stützte sich dabei auf zahlreiche Studien, die den finanziellen Wert von Ökosystemdienstleistungen wie Klimaregulation, Bodenbildung, Nahrungsmittelproduktion und Genressourcen in naturräumlichen Grosseinheiten wie Wäldern, Mooren, Küsten, Wüsten oder Grasland abschätzen. Das Team von Costanza hat diese Studien zusammengefasst, ergänzt und den totalen Wert der Biosphäre ermittelt. Er kam dabei auf einen Betrag im Bereich zwischen 24 bis 80 Billionen Franken, mit einem Mittelwert von 50 Billionen Franken pro Jahr. Die Forschenden bezeichnen diesen Wert als ein Minimum, dennoch erreicht er rund das Doppelte des Bruttosozialproduktes, das alle Länder dieser Erde zusammen erwirtschaften.

- Da in der Natur vieles voneinander abhängt, lassen sich kaum einzelne, abgrenzbare «Produkte» definieren. Der Wert fast aller natürlichen Güter oder Leistungen hängt davon ab, dass sie in ihren funktionalen Beziehungen bleiben. Es müsste immer das Ökosystem, das sie hervorbringt, mitberücksichtigt werden, und dies ist in der Regel kaum machbar.
- Die gängige ökonomische Theorie besagt, dass der Marktpreis eines Gutes seinem sogenannten Grenznutzen entspricht, also dem Nutzen der zuletzt konsumierten Einheit. Wenn man diesen Grenznutzen mit den verbrauchten Einheiten multipliziert, kommt man jedoch nicht auf den tatsächlichen Wert einer Ressource, denn die ersten konsumierten Einheiten, zum Beispiel die ersten 500 Liter Trinkwasser eines Jahres (die zum Trinken gebraucht werden) sind natürlich viel wertvoller als die folgenden 500 (die zum Waschen eingesetzt werden).
- Es bestehen Zweifel daran, dass der finanzielle Wert den Nutzen eines Naturprodukts überhaupt adäquat ausdrücken kann. Nützt ein Edelstein, der 10000 Franken kostet, tatsächlich mehr als 100 Liter Trinkwasser, die 10 Rappen kosten?
- Gesellschaftliche Werte kommen in den Preisen, die Individuen bereit sind zu zahlen, oft nicht zum Ausdruck. So möchten zwar alle Menschen in einer intakten Natur leben, einen Preis dafür zu zahlen sind längst nicht alle Bürgerinnen und Bürger bereit. Umgekehrt werden beispielsweise Biologen einer Blumenwiese einen vielfach höheren Wert beimessen als eine Bauingenieurin, die eine Autobahn plant. Also sind auch monetäre Bewertungen, selbst wenn sie zum Schluss nur in einer nüchternen Zahl münden, von individuellen Werthaltungen bestimmt.
- Das Wissen über Naturgüter ist bislang äusserst beschränkt, wir können ihren gegenwärtigen oder künftigen Nutzen nur in den seltensten Fällen erkennen. Also können wir ihn auch kaum in Rechnung stellen. Und selbst wenn das Wissen vorhanden wäre, die Marktteilnehmenden müssten den Nutzen auch noch wahrnehmen, damit sie einen entsprechenden Preis zahlen würden.
- Politische, wirtschaftliche und institutionelle Strukturen beeinflussen die Ergebnisse von Monetarisierungen massiv. So spielt die Einkommensverteilung eine grosse Rolle: Wer mehr verdient, ist auch bereit, für Biodiversität mehr zu bezahlen. Die Natur hat in ärmeren Ländern nicht weniger Wert als bei uns, wird aber finanziell geringer bewertet…
- Über den gemeinsamen Nenner Geld wird durch Monetarisierungen eine Relation zwischen Marktgütern und Naturgüter hergestellt. Dies erweckt den Anschein, dass die Naturgüter austauschbar oder ersetzlich wären, was in Tat und Wahrheit natürlich nicht der Fall ist.

(Quelle: Seidl 1999)

Im engeren Rahmen europäischer Dauerwiesen haben Bernhard Schmid und Felix Schläpfer (2000) berechnet, dass eine Reduktion der heute noch vorhandenen Pflanzenvielfalt zu Ertragseinbussen führen könnten, die pro Hektar ungefähr 500 Franken ausmachen (siehe Seite 145 f.).

Trotz ihrer Anschaulichkeit und Popularität sind finanzielle Berechnungen der Biodiversität in der Fachwelt umstritten, denn sämtlichen Methoden haften zum Teil beträchtliche Unsicherheiten an (siehe obiges Kästchen). Selbst Angaben für Lebensmittel, bei denen Marktpreise existieren, können nicht zum Nennwert genommen werden, denn der Markt unterschätzt systematisch den

Wert solcher Produkte, weil er ihre externen, positiven Effekte nicht berücksichtigt. Noch viel schwieriger wird es bei Gütern und Dienstleistungen, die nicht gehandelt werden. Insgesamt gelingt es der ökologischen Ökonomie meistens nicht, viel mehr als ganz grobe Anhaltspunkte für den monetären Wert des natürlichen Reichtums anzugeben.

Wegen dieser Einschränkungen kommen nicht wenige Wissenschafter zum Schluss, es sei unmöglich oder sinnlos, Ökosysteme und die Biodiversität monetär zu fassen. Da die berechneten Preise nicht stimmten, könnten sie Angebot und Nachfrage kaum so leiten, dass die biologische Vielfalt erhalten wird. Zudem wenden sich viele Menschen gefühlsmässig grundsätzlich gegen die Aufrechenbarkeit von Naturgütern mit Geld. Untersuchungen zeigen, dass ein Viertel der Bevölkerung solche Berechnungen ablehnen. Die Haltung, Natur sei im Grunde nicht finanziell bewertbar, ist verbreitet.

Auch Irmi Seidl (1999) beurteilt die Monetarisierungen generell kritisch. Trotzdem kommt die Ökonomin im Rahmen ihrer Tätigkeit für das Biodiversitätsprojekt zum Schluss, dass die Berechnungen in manchen Fällen sehr hilfreich sind. So können Geldwertkalkulationen die Negativbilanz von Projekten und Politiken aufdecken und zudem aufzeigen, dass ökologisch weniger schädliche Alternativen ökonomisch sinnvoller sein können. Fazit der gegenwärtigen Diskussion in Fachkreisen: Ökonominnen und Ökonomen können Zustandsveränderungen durchaus finanziell bewerten, absolute Wertberechnungen bleiben dagegen äusserst fragwürdig.

Schrötig, aber nötig

Es ist eine Tatsache, dass wir in unserer ökonomisierten und zahlenfixierten Welt tagtäglich versuchen, die Folgen unseres Tuns und Lassens in Zahlen zu fassen – wissentlich oder nicht. Wenn wir zum Beispiel eine Bergbahn mit grossem Parkplatz in ein naturnahes Gebiet bauen, bewerten wir implizit ihren Nutzen höher als den Wert der Natur in diesem Gebiet, und zwar vor allem aufgrund von wirtschaftlichen Kriterien, etwa wegen der Arbeitsplätze und Steuereinnahmen, die das Projekt bringt. Und weil Naturwerte auf der anderen Seite der Bilanz bislang kaum in Franken und Rappen in unserer Rechnung erschienen, haben wir sie stets unterschätzt. Wenn der Wert der Biodiversität in Zahlen gefasst wird, lässt sich Gleiches mit Gleichem direkt vergleichen: finanzielle Nutzen mit den Kosten eines Eingriffs in die Natur.

Auch wenn Kostenberechnungen für Naturwerte mit beträchtlichen Unsicherheiten behaftet sein mögen – wir kommen nicht darum herum; denn sie zeigen uns auf eine einfache Weise, dass uns Entscheide zulasten der Biodiversität einmal teuer zu stehen kommen könnten. Und die Sprache des Geldes scheinen wir ja besonders gut zu verstehen. Wie liess schon Goethe seinen Mephisto sagen: «Was ihr nicht rechnet, glaubt ihr, sei nicht wahr; was ihr nicht wägt, hat für euch kein Gewicht; was ihr nicht münzt, das sagt ihr, gelte nicht!»

Monetäre Bewertungen der Biodiversität sind oft möglich und können eine optimale Ressourcennutzung begünstigen. Dies zeigen auch Bernhard Schmid und Felix Schläpfer (2000). Da die Schutzinteressen durch Monetarisierungen den gleichen Stellenwert (nämlich ausgedrückt in Franken und Rappen) wie die Nutzungsinteressen erhalten, werden sie oft zu einem besseren Schutz der Biodiversität beitragen. Als Voraussetzung für jegliche ökonomische Behandlung der Biodiversität müssen jedoch Eigentumsrechte und Nutzungsrechte politisch definiert werden. Neben den bereits üblichen Richtlinien für Schadstoffbelastungen von Böden sollte auch festgelegt werden, wie weit die Reduktion der natürlichen Vielfalt im Rahmen der Landnutzung zulässig ist.

Schmid und Schläpfer haben eine monetäre Bewertung des Artenverlustes im Grünland durchgeführt. Die beiden Forscher errechneten auf Grundlage ihrer experimentellen Daten die Kosten verminderter Artenvielfalt in Dauerwiesen, die in der Regel nicht künstlich angesät werden. In der Tabelle auf der nächsten Seite sind Ertrag und Aufwand für Graslandökosysteme, im speziellen Dauerwiesen mit unterschiedlicher Diversität, zusammengestellt. Daraus lässt sich der kalkulatorische Gewinn der verschiedenen Bewirtschaftungen abschätzen.

Hochgerechnet auf die 195 000 Hektaren Gesamtfläche der intensiv genutzten Dauerwiesen der Schweiz (ohne Bergzonen) ergäben sich bei einer zufälligen, aussterbebedingten Halbierung der Artenzahl Gewinnrückgänge in der Grössenordnung von 100 Millionen Franken pro Jahr. Daraus können die Grenzkosten einer Wiesenart ganz grob abgeschätzt werden. Bei einer Ausgangssituation

Monetäre Bewertungen der Biodiversität sind oft möglich und können eine optimale Ressourcennutzung begünstigen.

(Alle Angaben in Schweizer Franken)	n Arten (Naturwiese intensiv IP)[a]	n/2 Arten (Heuertrag red. um 1/6)[b]	n/4 Arten (Heuertrag red. um 1/3)[b]
Ertrag belüftetes Heu, gepresst	11,36 t/ha	9,47 t/ha	7,57 t/ha
Erlös[c]	4205.–	3503.–	2803.–
Düngung total	177.–	177.–	177.–
Hagelversicherung, Pauschale Grünland	60.–	60.–	60.–
Lohnarbeit	316.–	263.–	211.–
Variable Maschinenkosten	608.–	507.–	405.–
Zinsanspruch	23.–	19.–	15.–
Variable Kosten	1185.–	1026.–	868.–
Deckungsbeitrag	3021.–	2477.–	1935.–
Fixkosten[d]	1000.–	1000.–	1000.–
Kalkulatorischer Gewinn	2021.–	1477.–	935.–

[a] Daten LBL, srva, FiBL, (LBL 1998) (anhand von Standard-Deckungsbeiträgen 1998)

[b] Ertragsreduktion gemäss Experiment Lupsingen (Hector et al. 1999)

[c] Preis: 370 Schweizer Franken pro Tonne belüftetes und gepresstes Heu.

[d] Annahme: Fixkosten bei allen Diversitätsstufen gleich (Fixkosten betragen im Allgemeinen rund 40–50 Prozent der Gesamtkosten)

Bemerkungen: Die Futterqualität wird als konstant angenommen, da sich im Experiment die Reduktion der Artenzahl und des Heuertrages weder negativ noch positiv auf den Futterwert des Heus auswirkte (M. Diemer et al., unveröffentlichte Daten). Allfällige Direktzahlungen, die bei hoher Artenzahl aus dem ökologischen Ausgleich resultieren könnten, wurden nicht berücksichtigt.

Ertrag und Aufwand in Dauerwiesen

Das Rechenbeispiel zeigt, dass eine höhere Artenvielfalt in der Wiese für höheren Gewinn sorgt. (Quelle: Schmid & Schläpfer 2000)

Das Schützen der Arten kostet etwas. Aber das Nichtschützen könnte uns noch erheblich teurer zu stehen kommen.

von acht Arten betragen die Grenzkosten 25 Millionen Franken pro Art, bei vier Arten sind es 50 Millionen Franken. Dies bedeutet indes nicht, mit einer Verdoppelung der heutigen Artenzahl könnten die Bauern ensprechende Gewinne erzielen. Die Zusammensetzung der Dauerwiesen ist weitgehend optimiert. Auch ist eine Halbierung der Artenzahl in Graslandökosystemen Mitteleuropas ein extremes Szenario. Zudem können negative Produktivitäts-Effekte des Biodiversitätsschwundes durch stärkere Düngergaben teilweise kompensiert werden – auch wenn dies andere negative Folgen nach sich zieht. Die Rechnung illustriert aber, dass Artenverluste massive ökonomische Kosten nach sich ziehen. Das Schützen der Arten kostet etwas. Aber das Nichtschützen könnte uns noch erheblich teurer zu stehen kommen.

Ein eindrückliches Beispiel, wie man tatsächlich Geld sparen kann, wenn man den Wert der Natur in eine Projektbeurteilung einbezieht, ist die Trinkwasserversorgung von New York City. Vor wenigen Jahren stand die Millionenstadt vor der Frage, wie die abnehmende Trinkwasserqualität zu verbessern sei. New Yorks Wasser wird in den nördlich gelegenen Catskill Mountains gefasst. In den vorangehenden Jahren hatten Abwässer, Düngemittel und Pestizide das Wasser zunehmend verunreinigt. Eine grosse Filtrationsanlage hätte 6 bis 8 Milliarden Dollar gekostet, mit zusätzlichen Betriebskosten von 300 Millionen pro Jahr. Statt eine solch teure Anlage zu bauen, hat die Stadtverwaltung für bloss 1,5 Milliarden Dollar Land im Einzugsgebiet der Trinkwasserfassungen aufgekauft, die landwirtschaftliche Nutzung eingeschränkt und die Biodiversität der Ökosysteme erhalten. Damit hat New York nicht bloss der Natur einen Dienst erwiesen, sondern auch den Steuerzahlenden.

Ökologische Leistungen kompensieren

Nicht allein Monetarisierungen, auch andere ökonomische Instrumente werden im Naturschutz immer wichtiger. Oliver Schelske und Irmi Seidl (2000) haben sie genauer untersucht: Sie nahmen die Kompensationszahlungen unter die Lupe, die positive Anreize zum Schutz der Arten- und Landschaftsvielfalt vermitteln. Kompensationen können Einbussen ausgleichen, die durch Tätigkeiten zur Erhaltung von Biodiversität und Landschaft entstehen. So wurden die betroffenen Gemeinden und Kantone vom Bund entschädigt, als die Greina-Hochebene unter Schutz gestellt wurde. Und auch mit den Direktzahlungen in der Schweizer Landwirtschaft werden die ökologischen Leistungen der Bauern bzw. das Unterlassen von schädlichen Tätigkeiten kompensiert.

Gemäss der ökonomischen Diskussion sind Kompensationen nötig, wenn eine Aktivität (oder das Unterlassen einer solchen) die allgemeine Wohlfahrt erhöht, sie jedoch ohne eine Kompensation nicht getätigt (oder eben unterlassen) werden würde. Kompensationslösungen haben gegenüber einzelnen Lenkungsabgaben und Steuern (zum Beispiel auf Dünger oder Pestizide) den Vorteil, dass eine gesamte Nutzungspraxis in die Kriterien eingeschlossen werden kann. Damit lassen sich die Wirkungen genauer steuern.

Die Höhe von Kompensationszahlungen sind in der Schweiz vorwiegend politisch bestimmt. Im Falle der Greina sind es die Summen, die die Gemeinden und die Kantone in Verhandlungen akzeptierten. Bei den landwirtschaftlichen Direktzahlungen richten sich die Beträge nach der bisherigen Subventionspraxis sowie nach der Einkommenssituation der Bauern. Damit ist eine hohe politische Akzeptanz gesichert. Diese Akzeptanz darf jedoch aus Sicht der Forschenden nicht das einzige Kriterium bilden. Für eine genaue

Die Greina

Dass eines der letzten naturnahen Hochtäler der Schweiz erhalten werden konnte, ist neben dem Engagement der Landschaftsschützer auch Kompensationszahlungen des Bundes zu verdanken.

Kompensationslösungen machen in Westeuropa Natur- und Landschaftsschutz kurz und mittelfristig durchsetzbar.

Steuerung von Kompensationszahlungen wäre die Bestimmung von Markt- und Schutzwerten unerlässlich, folgern Oliver Schelske und Irmi Seidl.

Kompensationslösungen, so eine Erkenntnis ihrer Studie, machen in Westeuropa Natur- und Landschaftsschutz kurz und mittelfristig durchsetzbar. Es ist jedoch nötig, die ökonomische und ökologische Effizienz der konkreten Regelungen zu überprüfen und gegebenenfalls anzupassen. Beispielsweise zeigen Untersuchungen, dass die ökologischen Direktzahlungen in der Landwirtschaft ihre Hauptziele erreichen: Sie führen zu einer Zunahme der ökologischen Ausgleichsflächen und vermindern zudem die Gefahr von Bodenerosion und Nitratauswaschung. Überdies reduzieren sie den Einsatz von Agrochemikalien. Gleichzeitig gibt es aber Bereiche, wo sich die Wirkung der Direktzahlungen noch nicht optimal entfaltet, so etwa bei der Qualität und Verteilung der Ausgleichsflächen. Eine Weiterentwicklung des Systems der Direktzahlungen wird unausweichlich sein, um die ökologischen Effekte zu sichern, folgern die Forschenden des Biodiversitätsprojektes.

Kompensationslösungen zum Erhalt der Biodiversität liessen sich überdies in den neuen Finanzausgleich (NFA) zwischen Bund und Kantonen integrieren, wie Oliver Schelske, Thomas Köllner und Irmi Seidl in einer anderen Fallstudie exemplarisch zeigen. Dabei würden diejenigen Kantone zusätzliche Bundesmittel bekommen, die

Wertvoll, aber arbeitsintensiv
Ökologisch wertvolle Hochstammobst-
bäume verschwinden nach wie vor aus
der Landschaft. Ein Grund sind zu tief
angesetzte Kompensationszahlungen.
Der Aufwand des Bauern für die Pflege
übersteigt die Zuschüsse des Bundes bei
weitem.

besonders viel Biodiversität erhalten. Für eine solche Integration in
den NFA ist allerdings ein umfassendes Monitoring der Biodiversität
unabdinglich, wie es der Bund geplant hat (siehe nächstes Kapitel).
Eine weitere wichtige Bedingung für die politische Akzeptanz solcher Massnahmen ist deren Staatsquotenneutralität, das heisst, dass
sie keine neuen Staatsausgaben nach sich ziehen dürfen, sondern
nur bestehende Finanzströme umlagern.

Der Politik auf die Finger schauen

ahlreiche Gesetze zum Schutz der biologischen Vielfalt existieren, aber ob sie ihre Ziele erreichen, ist fraglich. Erfolgskontrollen sind daher dringend notwendig. Die Forschenden des Biodiversitätsprojektes haben ein Beobachtungssystem entwickelt, mit dem sich Umweltveränderungen und Tätigkeit der Behörden gleichzeitig verfolgen lassen. Damit lassen sich Vollzugsdefizite rasch erkennen und Massnahmen einleiten. Bereits gestartet hat das Bundesamt für Umwelt, Wald und Landschaft ein breites Programm zur Erfassung der Biodiversität unseres Landes. Damit soll es schon bald möglich sein, mehr über unseren natürlichen Reichtum zu erfahren, Entwicklungen zu erkennen und gezielte Massnahmen zum Schutz der Biodiversität frühzeitig zu ergreifen.

Erfolg oder Pleite?

Mit dem mangelnden Vollzug hängt das zweite grosse Problem im Naturschutz zusammen: das Fehlen von Erfolgskontrollen. Es existieren zahlreiche Gesetze, Programme, Inventare – aber ob diese ihre Ziele erreichen, ist wissenschaftlich nicht erwiesen, teilweise sogar höchst fraglich. Gerade in der Landwirtschaft, wo seit 1992 Hunderte von Millionen in die Erhaltung der Biodiversität fliessen, ist es unklar, ob diese Gelder überhaupt zur Vielfalt unsers Landes beitragen. Zwar hat das Biodiversitätsprojekt einige wichtige Einsichten über die Wirkungen ökologischer Massnahmen gebracht – eine laufende und systematische Bewertung steht aber noch aus. Dabei hätten die Bürgerinnen und Bürger, die sich bei Volksentscheiden mehrfach deutlich für eine naturgerechte Landwirtschaft ausgesprochen haben, ein Anrecht zu wissen, ob die mit Steuergeldern finanzierten Massnahmen wirken oder nutzlos verpuffen.

Vor diesem Hintergrund wird der Ruf nach praxisgerechten Instrumenten für die kontinuierliche Erfolgskontrolle der Umweltpolitik immer lauter. Der Bund hat sich denn auch daran gemacht, Erfolgskontrollen einzurichten, so etwa beim Moorschutz und in der Landwirtschaft. Nötig wäre aber auch ein integrales Umwelt- und Politikbeobachtungssystem, das nicht nur die Entwicklung der Biodiversität an sich, sondern gleichzeitig auch die Aktivitäten der Behörden beobachtet. Peter Knoepfel, Christoph Bättig, Barbara Peter und Franziska Teuscher (1999) haben im Rahmen des Biodiversitätsprojektes ein solches Instrument entwickelt und ausgetestet. Es erfasst die Umweltpolitik nach einem standardisierten Raster in einer Datenbank, die auch Umweltdaten enthält.

Als Grundlage ihres Systems verwenden Knoepfel, Bättig, Peter und Teuscher ein Stufenmodell der Politikformulierung und Umsetzung (siehe Kasten auf der nächsten Seite). Im Rahmen dieses Modells werden die Arbeitsresultate der Behörden «Politikprodukte» genannt – also etwa Gesetze, Bewilligungen, Naturschutzinventare, Bewirtschaftungsverträge und Konzessionen. Derartige Politikprodukte sind das Mittel der Behörden, um einen politisch gewollten Umweltzustand zu erreichen. Einbezogen werden dabei nicht nur Umwelt- oder Naturschutz-, sondern auch alle potentiell umweltbelastenden Politiken, wie Verkehrs-, Landwirtschafts-, Energie- oder Tourismuspolitik. In der Abbildung (auf der nächsten Seite) sind die auf verschiedenen Stufen ablaufenden Prozesse mit Pfeilen symbolisiert. Die daraus entstehenden Politikprodukte und Wirkungen sind mit einem Kasten gekennzeichnet. Diese Stufen folgen im Alltag nur selten aufeinander, sondern laufen oft parallel ab.

Das System ermöglicht also zu kontrollieren, ob die bezüglich Vollzug und Umweltzustand gesteckten Ziele erreicht werden. Beispielsweise kann man auf der Stufe des Verwaltungsprogrammes formulierte Ziele mit den tatsächlichen Outputs vergleichen. Das vorgeschlagene System lässt allerdings kaum Aussagen darüber zu, ob und inwieweit die Ziele auf politische Programme zurückzuführen sind. Mitunter stellen sich auch politikkonforme Handlungen oder Resultate ein, die nicht oder nur zum Teil auf Politikoutputs zurückzuführen sind. Fachleute sprechen von «Mitnahmeeffekten», also von Erscheinungen, die auch ohne staatliches Zutun zu beobachten wären. Genau genommen kann das Monitoring also nur

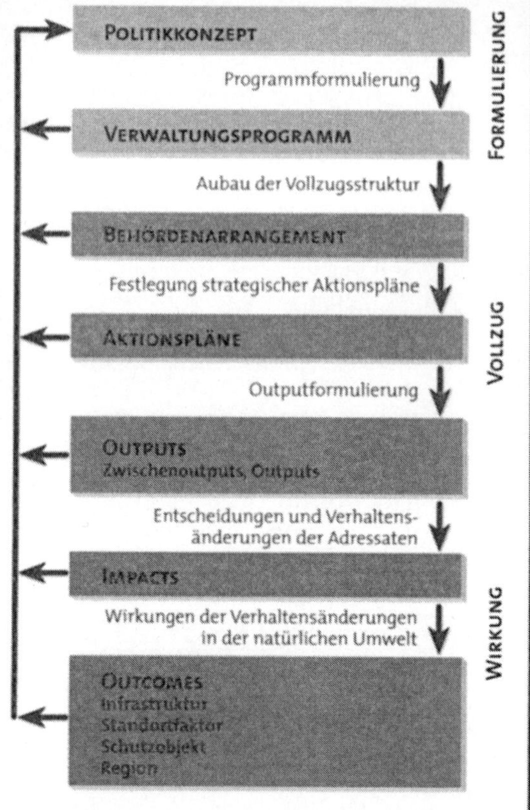

as **POLITIKKONZEPT** ist die Gesamtheit von Entscheidungen der zuständigen politisch-administrativen Akteure zur Definition des als kollektiv anerkannten Problems, zum Agendasetting, zu den allgemeinen Politikzielen und zum massgeblichen Wirkungsmodell.

Das **VERWALTUNGSPROGRAMM** ist die erste Stufe des vorgeschlagenen Politikbeobachtungssystems. Es ist das Ensemble all jener Rechtssätze sowie konkretisierender Weisungen des Bundes und der Kantone, die Regierungen und Parlamente für nötig erachten, um das Politikkonzept in rechtlich einwandfreier Weise in Aktionspläne und in das Handeln der Verwaltung umzusetzen.

Das **BEHÖRDENARRANGEMENT** umfasst die Gesamtheit der das Verwaltungsprogramm konkretisierenden, substituierenden oder modifizierenden Entscheidungen über die administrative Umsetzungsstruktur einer Politik. Darunter fallen Entscheidungen zur Kompetenzenverteilung, zur Zuordnung der Politik zu Verwaltungszweigen und zu Ablaufstrukturen in der Verwaltung.

Ein **AKTIONSPLAN** umfasst die Gesamtheit der für die Output-Produktion notwendigen Planungsentscheide; sie werden in öffentlichen Politiken oft wegen knapper Finanzen zunehmend eingesetzt, insbesondere in der Umweltpolitik. Aktionspläne definieren zeitliche und räumliche Prioritäten für die Erzeugung bestimmter Politikprodukte und entsprechender Mittelzuweisungen. Ein Aktionsplan kann sich dabei gleichzeitig auf mehrere Verwaltungsprogramme beziehen, wie etwa Naturschutzprogramme, die sowohl den Biotopschutz gemäss der Naturschutzgesetzgebung als auch die ökologischen Direktzahlungen umsetzen.

OUTPUTS sind die Gesamtheit der in der Umsetzung einer bestimmten öffentlichen Politik erstellten Produkte. Beispiele hierfür sind etwa Verfügungen aller Art, aber auch Geldleistungen oder staatliche Beratung. Zwischenoutputs sind Vorprodukte, welche die Verwaltung für die Erstellung der Outputs benötigt.

IMPACTS einer Politik sind im Modell definiert als die Gesamtheit aller Verhaltensänderungen, die unmittelbar auf die im Vollzugsprozess erzeugten Outputs zurückzuführen sind. Der Einfluss von Politikoutputs lässt sich aber nicht direkt und systematisch beobachten. Ein beobachtetes Verhalten kann auch andere Ursachen haben als einen Output. Im Rahmen des vorgeschlagenen Policy-Monitorings werden deshalb bloss mutmasslich relevante Handlungen erfasst, und nicht Impacts im engeren Sinne.

OUTCOMES sind jene Auswirkungen der Verhaltensänderungen, die eine Wirkung auf das Problem hat, das die Politik zu lösen sich vorgenommen hat. Es ist durchaus möglich, dass eine Politik genügend Outputs produziert und auch die angestrebten Verhaltensänderungen bei der Zielgruppe erzielt, dass sich aber das zu lösende Problem trotzdem nicht entschärft. Um Politikwirkungen kontinuierlich verfolgen zu können, ist eine feinere Auflösung von Politikzielen und beobachteten Umweltzuständen nötig. Deshalb unterscheiden die Forschenden vier Outcomestufen. Diese vier Stufen entsprechen den Zielebenen, auf die sich umweltbezogene Politiken beziehen können.

(Quelle: Knoepfel und andere 1999)

Die präzise Verortung von Politikprodukten und beobachtbaren Handlungen und Umweltzuständen ermöglicht eine eindeutige Verknüpfung der beiden Dimensionen. Es werden nur Produkte und Wirkungen verknüpft, die sich auf die gleiche Fläche beziehen. Wenn beispielsweise die Auenverordnung und darauf abgestützte Beschlüsse für bestimmte Flächen eine möglichst ungestörte Gewässerdynamik fordern, lassen sich auf dieser Fläche vorgenommene Abflussmessungen mit dem dafür geforderten Soll-Zustand vergleichen (Pfeil A in der Darstellung). Weiter kann die räumliche Verknüpfung zeigen, dass für bestimmte Gebiete zwar auf der Ebene des Verwaltungsprogramms definierte Zielsetzungen existieren, dass für diese Flächen aber nie Outputs mit entsprechenden Bestimmungen produziert wurden (Pfeil B). Liegen auf der Programm- und auf der Outputebene für einen bestimmten Raum definierte Zielsetzungen vor, können diese miteinander verglichen werden (Pfeil C). Auf diese Weise könnte sich zum Beispiel herausstellen, dass die zugelassenen Restwassermengen einer Konzession zur Wassernutzung den Zielvorstellungen des Verwaltungsprogramms zum Auenschutz für das Gebiet widerspricht.
(Quelle: Knoepfel und andere 1999)

die Unwirksamkeit von Politikprodukten nachweisen, beispielsweise wenn trotz eines Politikoutputs kein Effekt in der Landschaft festzustellen ist.

Praktisch werden die Daten in einem geographischen Informationssystem (GIS) gespeichert. Das System erlaubt es, für jede auf einem Bildschirm angeklickte Parzelle sämtliche Outputs, die Akteure, die einschlägigen Verwaltungsprogramme, aber auch die Umweltdaten darzustellen (siehe Abbildungen auf der folgenden Seite), wenn gewünscht auch in einer Zeitreihe. Auf diese Weise können sich Verwaltungsangestellte, aber auch interessierte Personen rasch eine Übersicht über die wichtigen Daten auf der gewünschten Fläche verschaffen. Die Datenbank lässt sich leicht bedienen, so dass es nicht nur von Fachleuten, sondern auch in Parlamenten, Fachkommissionen oder Bürgerversammlungen eingesetzt werden kann. Durch die konzentrierte Darstellung am Bildschirm können Benutzerinnen und Benutzer rasch Defizite erkennen und Massnahmen ergreifen.

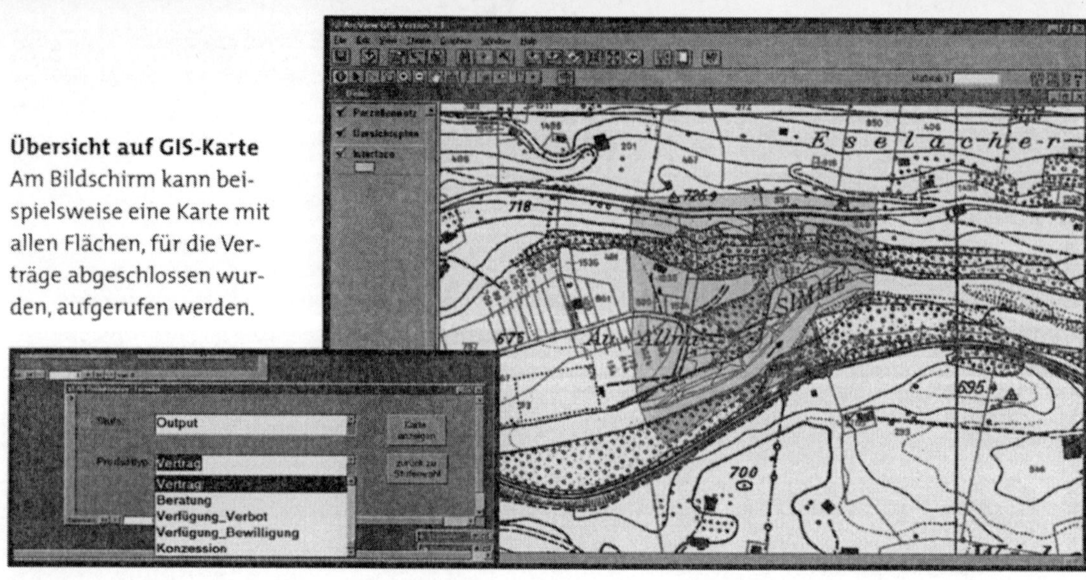

Übersicht auf GIS-Karte
Am Bildschirm kann beispielsweise eine Karte mit allen Flächen, für die Verträge abgeschlossen wurden, aufgerufen werden.

Das System erlaubt es, für jede auf einem Bildschirm angeklickte Parzelle sämtliche Outputs, die Akteure, die einschlägigen Verwaltungsprogramme, aber auch die Umweltdaten darzustellen.

Es wäre indes viel zu aufwändig, eine solche Datenbank für die ganze Schweiz einzurichten. Die Forschenden schlagen deshalb vor, sich auf acht bis zwölf besonders interessante Gebiete zu beschränken. Dort könnten solche Policy-Monitoring-Systeme gewissermassen als Sonden funktionieren. In den genau beobachteten Testgebieten könnten die Forschenden Ursache-Wirkungs-Hypothesen gewinnen und die Wirksamkeit von politischen Massnahmen überprüfen. Bislang haben die Forschenden des Biodiversitätsprojektes ihr System in vier Testgebieten erprobt.

Pioniertat der Schweiz

Bis heute werden gewissermassen als Notlösung Daten aus den Roten Listen herangezogen, um Aussagen zur Vielfalt des Landes zu machen. In der Schweiz gibt es Rote Listen gefährdeter Tier- und Gefässpflanzen. Sie weisen aus, welche Anteile der Flora und Fauna gefährdet sind und bei welchen Arten dringende Massnahmen erforderlich sind. Bei den Tieren ist diese Kenntnis äusserst dürftig: Nur gerade 7 Prozent aller Arten wurden überhaupt bewertet. Doch obwohl Rote Listen äusserst lückenhaft sind und nur zum Teil wissenschaftlichen Kriterien genügen, sind sie derzeit noch der wichtigste Anhaltspunkt über die Bedrohung der Biodiversität in der Schweiz. Bei der Landschaftsplanung, bei Umweltverträglichkeitsprüfungen und bei der Erfolgskontrolle oder beim Vergleich von land- und forstwirtschaftlichen Tätigkeiten spielen sie eine grosse Rolle.

	1890	1990	Differenz 1890–1990
Zahl der Brutvogelarten insgesamt	172	196	+ 14 %
Zahl der verbreiteten Brutvogelarten	69	42	− 39 %
Zahl der natürlicherweise seltenen Brutvogelarten	15	32	+ 113 %

Brutvogelarten in der Schweiz
Die Tabelle zeigt, dass die Gesamtartenzahl der Brutvögel und die Zahl der natürlicherweise seltenen Arten in der Schweiz in den letzten hundert Jahren zugenommen hat – eine erfreuliche Entwicklung. Gleichzeitig hat aber die Zahl der verbreiteten Arten um über ein Drittel abgenommen, ein deutliches Zeichen dafür, dass bei den Vögeln eben doch nicht alles zum Besten bestellt ist. (Quelle: Hintermann & Weber 1999)

Die Roten Listen basieren auf verschiedenen Grundlagen: Einerseits fliessen darin wissenschaftliche Resultate ein, aber auch Inventare, Verbreitungsatlanten sowie Angaben aus den beiden schweizerischen Zentralen, die Daten zu Flora und Fauna unseres Landes zentral sammeln (Schweizer Zentrum für die Kartographie der Fauna in Neuchâtel sowie das Zentrum des Datenverbundnetzes der Schweizer Flora in Bern und Genf). Andererseits spielt aber auch die gesammelte Erfahrung von Expertinnen und Experten eine grosse Rolle. Das wichtigste Kriterium für eine Aufnahme in die Rote Liste ist der Gefährdungsgrad einer Art. Dieser wird oft aufgrund der Situation ihres Lebensraumes beurteilt. Ist zum Beispiel eine Art auf naturnahe Feuchtgebiete im Flachland angewiesen, können Fachleute davon ausgehen, dass sie akut gefährdet ist, da solche Biotope praktisch verschwunden sind. Weitere Kriterien sind die Seltenheit einer Art, ihre Nützlichkeit für den Menschen, ihre Ästhetik (Libellen werden beispielsweise eher zur Begründung eines Naturschutzanliegens herangezogen als Spinnen) sowie ihre Bedeutung als Zeigerart (so sind Hirschkäfer ein Symbol für naturnahe Eichenwälder).

Die Biodiversitätskonvention verlangt von den Vertragsstaaten, ihre natürliche Vielfalt zu überwachen. Dazu reichen indes die Roten Listen nicht aus. Deshalb startete das Bundesamt für Umwelt, Wald und Landschaft BUWAL kürzlich ein neues Programm, das sogenannte Biodiversitätsmonitoring Schweiz (BDM). Dieses Überwachungsprogramm soll die bestehenden Datenlücken schliessen. Insbesondere wird es die verbreiteten und häufigen Arten mit be-

Ein Programm, das die biologische Vielfalt dokumentiert, muss sich sowohl mit seltenen als auch mit häufigen und verbreiteten Arten befassen.

Wanderfalke
1971 gab es in der Schweiz nur noch ein einziges Brutpaar ausserhalb der Alpen. Dünne Eierschalen und Unfruchtbarkeit infolge Pestizideinsatzes sowie Raub der Eier brachten den Greifvogel an den Rand des Aussterbens. Heute leben bei uns wieder 250 Brutpaare – ein sicheres Zeichen, dass die Lebensbedingungen für ihn wieder besser geworden sind.

Während in den meisten Umweltbereichen Qualitätsziele anerkannt sind, existieren bislang keine Vorgaben, wie sich die Biodiversität entwickeln soll.

rücksichtigen, die bislang in der Schweiz wenig Beachtung fanden. Gerade bei diesen Arten sind in den vergangenen Jahrzehnten die grössten Verluste zu beklagen gewesen – oft praktisch unbemerkt von offiziellen Statistiken. So sind einstmals zahlreiche Arten wie der Feldhase und der Rotkopfwürger selten geworden. Bestandsentwicklungen von seltenen Arten wie sie auf der Roten Liste stehen können ein falsches Bild über die Biodiversität vermitteln, wie Tabelle auf der vorigen Seite illustriert.

Verbreitete Arten finden sich zwar in weiten Teilen der Schweiz, müssen lokal aber nicht häufig sein. Ihre Existenz ist oft davon abhängig, dass verschiedene Lebensräume auf engem Raum vorkommen, beispielsweise eine Hecke zwischen zwei Feldern oder ein Waldrand entlang einer Wiese. Verbreitete und häufige Arten leben in grosser Zahl auf Nutzflächen, die einen grossen Teil der Schweiz bedecken, seien dies Fettwiesen (zum Beispiel Löwenzahn), Laubwälder (Buchfink) oder Siedlungen (Haussperling). Das Überleben dieser Arten hängt vom Landnutzungstyp ab. Auch ihre Entwicklung gibt entscheidende Hinweise über den Zustand der Biodiversität. Ein Programm, das die biologische Vielfalt dokumentiert, muss sich deshalb sowohl mit seltenen als auch mit häufigen und verbreiteten Arten befassen.

Dem Schweizer Monitoring-Programm liegt ein international anerkanntes Modell der OECD (Organisation für wirtschaftliche Zusammenarbeit und Entwicklung) zugrunde. Dabei werden zur Erfassung der Biodiversität Indikatoren so ausgewählt, dass sie die

Wiesensalbei
Die Heilpflanze war einst eine
Allerweltsart. Inzwischen muss
man nach ihr suchen.

Schlingnatter
Früher häufig, heute im
Mittelland nahezu ausge-
storben.

wichtigsten Einflüsse oder den Zustand der Biodiversität ausdrücken oder Massnahmen zu deren Sicherung wiedergeben. Das
BDM umfasst also nicht bloss Zustandsindikatoren wie etwa die
Veränderung der Fläche der wertvollen Biotope, sondern auch
mögliche Faktoren, welche die Biodiversität beeinflussen können
(zum Beispiel die Veränderung des Stickstoffangebots im Boden)
und Massnahmen zum Erhalt der Biodiversität (etwa die Veränderung der Gesamtfläche der Biobetriebe). Insgesamt zählt das BDM
32 Indikatoren.

Auch wenn zahlenmässig die Einflussindikatoren dominieren, so
liegt doch das Schwergewicht des BDM eindeutig bei den Zustandsindikatoren, insbesondere bei der Erhebung von verbreiteten
und häufigen Arten, wo zwei Stichprobennetze über die ganze
Schweiz aufgebaut werden. Die Datengrundlagen für die Einfluss-
und Massnahmenindikatoren werden weitgehend von bestehenden Datenbanken und Institutionen übernommen und für das BDM
aufgearbeitet.

Das Programm ist kein Steckenpferd von Statistikern, sondern
für unser Land absolut notwendig. Es dient vor allem der Früher-
kennung von Problemen und ist Voraussetzung für eine effiziente
und effektive Naturschutzpolitik. Das BDM kann Bestandesten-
denzen frühzeitig aufdecken, Warnungen herausgeben und Massnahmen auslösen. Das Monitoring soll ausserdem helfen, Zielvor-
gaben für die Naturschutzpolitik zu definieren und nachher zu
überwachen. Während nämlich in den meisten Umweltbereichen

Qualitätsziele (etwa in der Luftreinhaltung) anerkannt sind, existieren bislang keine Vorgaben, wie sich die Biodiversität bis wann verändern soll. Dennoch gibt der Bund, wie oben erwähnt, alljährlich rund 900 Millionen Steuerfranken aus, um die Biodiversität zu erhalten, etwa in Form von Direktzahlungen für Landwirte. Wo aber keine klaren Ziele bestehen, kann auch nicht kontrolliert werden, ob die eingesetzten Mittel Ziele erreichen.

Mit dem BDM lässt sich beispielsweise ermitteln, ob die Artenvielfalt auf den landwirtschaftlichen Nutzflächen zunimmt, oder ob sie trotz Öko-Beiträgen gering bleibt. Derartige Daten sind von zentraler Bedeutung, wenn es darum geht, die Nachhaltigkeit unseres Wirtschaftens zu beurteilen. Ob sich die Schweiz nachhaltig verhält, kann letztlich im Bereich der Biodiversität am besten gemessen werden, da diese unsere Lebensgrundlage darstellt. Nachhaltig ist unsere Gesellschaft erst dann, wenn es mit der biologischen Vielfalt nicht mehr abwärts geht.

Die Vorbereitungsarbeiten am Biodiversitätsmonitoring laufen seit 1995, die ersten Feldarbeiten sind im Gange. Voraussichtlich im Jahr 2006 geht das BDM definitiv in die Betriebsphase über. Ab diesem Zeitpunkt wird eine kleine Koordinationsstelle das Programm betreiben und dafür sorgen, dass die Schweiz, als eines der ersten Länder über umfassende Daten über die Entwicklung ihres natürlichen Kapitals verfügt.

Anhang

Literaturverzeichnis

Zitate ohne Angaben einer Zeitschrift beziehen sich auf Manuskripte einzelner Projekte, die zum Zeitpunkt der Herstellung dieses Buches noch nicht publiziert waren. Die Jahreszahl gibt dabei an, in welchem Jahr das Manuskript den Autoren zur Verfügung stand.

Bättig, C., Knoepfel, P., Peter, K. & Teuscher, F. (1999). *Konzept für ein Policy-Monitoring zur Erhaltung der Biodiversität. Working Paper de l'IDHEAP* **2**.

Baur, B., Joshi, J., Schmid, B., Hänggi, A., Borcard, D., Stary, J., Pedroli-Christen, A., Thommen, G.H., Luka, H., Rusterholz, H.-P., Oggier, P., Ledergerber, S. & Erhardt, A. (1996). Variation in species richness of plants and diverse groups of invertebrates in three calcareous grasslands of the Swiss Jura mountains. *Revue suisse de Zoologie* **103**, 801–833.

Baur, B. & Erhardt, A. (1995). Habitat fragmentation and habitat alterations: principal threats to most animal and plant species. *Gaia* **4**, 221–226.

Di Giulio, M., Edwards, P.J. & Meister, E. (1999). Enhancing insect diversity in agricultural grasslands: the roles of management and landscape structure.

Dorenbos Theler, A. (1998). *Nachhaltige Landwirtschaft im Rafzerfeld*. Technischer Bericht, Institut für Agrarwirtschaft, ETH Zürich.

Fischer M. & Matthies D. (1997). Mating structure, inbreeding and outbreeding depression in the rare plant *Gentianella germanica* (Gentianaceae). *American Journal of Botany* **84**, 1685–1692.

Fischer M. & Matthies D. (1998a). Experimental demography of the rare *Gentianella germanica*: seed bank formation and microsite effects on seedling establishment. *Ecography* **21**, 269–278.

Fischer, M. & Matthies, D. (1998b). Effects of population size on performance in the rare plant *Gentianella germanica*. *Journal of Ecology* **86**, 195–204.

Fischer, M. & Matthies, D. (1998c). RAPD variation in relation to population size and plant fitness in the rare plant *Gentianella germanica* (Gentinaceae). *American Journal of Botany* **85**, 811–819.

Fischer, M., Matthies, D. & Schmid, B. (1997). Responses of rare calcareous grassland plants to elevated CO_2: a field experiment with Gentianella germanica and Gentiana cruciata. Journal of Ecology 85, 681–691.

Fischer, M. & Stöcklin, J. (1997). Local extinction of plants in remnants of extensively used calcareous grasslands 1950–1985. *Conservation Biology* **11**, 727–737.

Frantzen, J. & Müller-Schärer, H. (1998). A theory relating focal epidemics to crop-weed interaction. *Phytopathology* **88**, 180–184.

Frantzen, J. & Müller-Schärer, H. (1999). Wintering of the biotrophic fungus *Puccinia lagenophorae* within the annual plant *Senecio vulgaris*: implications for biological weed control. *Plant Pathology* **48**, 483–490.

Freyer, B., Reisner, Y. & Zuberbühler, D. (1999). Potential impact model to assess agricultural pressure to landscape ecological functions. *Ecological modelling* (in press).

Goverde, M., Bazin, A., Shykoff, J.A. & Erhardt, A. (1999). Influence of leaf chemistry of Lotus corniculatus (Fabaceae) on larval development of Polyommatus icarus (Lepidoptera, Lycaenidae): effects of elevated CO_2 and plant genotye. Functional Ecology (in pr.).

Groppe, K., Steinger, T., Schmid, B., Baur, B. & Boller, T. (1999). Effects of small-scale habitat fragmentation on the pathogenicity of an endophytic fungus (*Epichloë bromicola*) infecting *Bromus erectus* grass.

Groppe, K., Steinger, T., Sanders, I., Schmid, Wiemken, A., & Boller, T. (1999). Interaction between the endophytic fungus *Epichloë bromicola* and the grass *Bromus erectus*: effects of endophyte infection, fungal concentration, and environment on grass growth and flowering.

Hänggi, A. & Baur, B. (1998). The effect of forest edge on ground-living arthropods in a remnant of unfertilized calcareous grassland in the Swiss Jura mountains. *Mitteilungen der Schweizerischen Entomologischen Gesellschaft* **71**, 343–354.

Hector, A., Schmid, B., Beierkuhnlein, C., Caldeira, M. C., Diemer, M., Dimitrakopoulos, P. G., Finn, J., Freitas, H., Giller, P. S., Good, J., Harris, R., Högberg, P., Huss-Danell, K., Joshi, J., Jumpponen, A., Körner, C., Leadley, P. W., Loreau, M., Minns, A., Mulder, C. P. H., O'Donovan, G., Otway, S. J., Pereira, J. S., Prinz, A., Read, D. J., Scherer-Lorenzen, M., Schulze, E.-D., Siamantziouras, A.-S. D., Spehn, E., Terry, A. C., Troumbis, A. Y., Woodward, F. I., Yachi, S., and Lawton, J. H. (1999). Plant diversity and productivity experiments in European grasslands. *Science* **286**, 1123–1127.

Huovinen-Hufschmid, Ch. & Körner, Ch. (1998). Microscale patterns of plant species distribution, biomass and leaf tissue quality in calcareous grassland. *Botanica Helvetica* **108**, 69–83.

Jenny, M., Lugrin, B., Weibel, U., Regamey, J.-L. & Zbinden, N. (1997). *Der ökologische Ausgleich in intensiv genutzten Ackerbaugebieten der Champagne genevoise GE und des Klettgaus SH und seine Bedeutung für Vögel, Pflanzen und ausgewählte Wirbellose.* Schweizerische Vogelwarte, Sempach.

Joshi, J. (1994). *Patterns of plant species diversity in habitat fragments and effects of isolation and fragment size on plant reproductive capacity.* Diplomarbeit, Botanisches Institut, Universität Basel.

Jurt, L. (1998). «Ich darf nicht mehr schön finden, was mir gefällt» – Ästhetische Vorstellungen von Bauern und deren Bedeutung für die Biodiversität. *Agrarwirtschaft und Agrarsoziologie* **2/98,** 125–137.

Kéry, M., Matthies, D. & Fischer, M. (1999). Relationships among plant population size, herbivory, presence of the endangered butterfly *Maculinea rebeli* and performance of its host plant, the endangered *Gentiana cruciata.*

Kéry, M., Matthies, D. & Schmid, B. (1999). Demographic stochasticity in small remnant populations of the declining distylous plant *Primula veris L.*

Kéry, M., Matthies, D. & Spillmann, H.-H. (2000). Reduced fecundity and offspring performance in small populations of the declining grassland plants *Primula veris* and *Gentiana lutea*. *Journal of Ecology* (in press).

Knoepfel, P. (1998). Direktzahlungen aus politikwissenschaftlicher Sicht – eine fragile öffentliche Politik. *Agrarwirtschaft und Agrarsoziologie* **2/98**, 43–63.

Knoepfel, P., Bättig, C., Peter, K. & Teuscher, F. (1997). Politikbeobachtung im Naturschutz. *SPPU-Sachstandsbericht.*

Koeppel, H.-D. (1992). Landschaft der Zukunft – Gemeinschaftswerk von Mensch und Natur. *Anthos* **2/92**.

Koeppel, H.-D. (1993). Schutz, Pflege und Aufwertung der Landschaft – eine Daueraufgabe für die Gemeinden. *Anthos* **4/93**.

Koeppel, H.-D. (1999). Landschaftswandel im oberen aargauischen Limmattal 1954–1994. *Badener Neujahrsblätter* **74**, 37–46.

Kytzia, S. & Seidl, I. (1999). Monetarisierung – ein Weg für die vergleichende Bewertung von Umweltschäden? *Ansätze zum Vergleich von Umweltschäden, Nachbearbeitung des 9. Diskussionsforums Ökobilanzen vom 4. Dezember 1998.* (Hofstetter, P., Mettier, T., Titje, O., Hrsg.): ETH Zürich.

Lauber, W. & Körner, Ch. (1997). In situ stomatal responses to long term CO_2 enrichment in calcareous grassland plants. Acta Oecologica 18, 221–229.

Leadley, P.W., Niklaus, P.W., Stocker, R. & Körner, Ch. (1999). A field study of the effects of elevated CO_2 on plant biomass and community structure in a calcareous grassland. Oecologia 118, 39–49.

Matthies, D., Schmid, B. & Schmid-Hempel, P. (1995). The importance of population processes for the maintenance of biological diversity. *GAIA* **4**, 199–209.

Müller-Schärer, H. & Frantzen, J. (1996). An emerging system management approach for biological weed control in crops: *Senecio vulgris* as a research model. *Weed Research* **36**, 483–491.

Müller-Schärer, H. & Rieger, S. (1998). Epidemic spread of the rust fungus *Puccinia lagenophorae* and its impact on the competitive ability of *Senecio vulgaris* in celeriac during early development. *Biocontrol Science and Technology* **8**, 59–72.

Müller-Schärer, H. & Fischer, M. (1999). Genetic (RAPD-) structure of the annual weed *Senecio vulgaris* in relation to habitat type and population size.

Müller-Schärer, H. (2000). Biologische Regulierung von Unkrautpopulationen. In: *Unkrautbiologie und Unkrautbekämpfung* (H.-U. Ammon, G. Feyerabend und P. Zerger, Hrsg.). Eugen Ulmer Verlag, Stuttgart.

Niklaus, P.A., Leadley, P.W., Stöcklin, J. & Körner, Ch. (1998). Nutrient relations in calcareous grassland under elevated CO_2. Oecologia 116, 67–75.

Niklaus, P.A., Spinnler, D. & Körner, Ch. (1998). Soil moisture dynamics of calcareous grassland under elevated CO_2. Oecologia 117, 201–208.

Oggier, P. & Baur, B. (1999). Short-term responses in the population dynamics of six species of land snails to experimental grassland fragmentation.

Reisner, Y., Zuberbühler, D. & Freyer, B. (1998). Bewertung von Risiken landwirtschaftlicher Nutzungen für den Natur- und Landschaftshaushalt. *GfÖ-Arbeitskreis Theorie in der Ökologie*, Jahrestreffen 1998, 47–58.

Rusterholz, H.P. & Erhardt, A. (1998). Effects of elevated CO_2 on flowering phenology and nectar production of plants important for butterflies of calcareous grasslands. Oecologia 113, 341–349.

Rusterholz, H.P., Erhardt, A. & Baur, B. (1998). Response in foraging behaviour of butterflies to small-scale fragmentation of calcareous grasslands.

Sanders, I.R., Streitwolf-Engel, R., van der Heijden, M.G.A., Boller, T. & Wiemken, A. (1998). Increased allocation to external hyphae of arbuscular mycorrhizal fungi under CO_2 enrichment. Oecologia 117, 496–503.

Schelske, O. & Seidl, I. (1999). Kompensation als Instrument zum Erhalt von Arten- und Landschaftsvielfalt:

Ökonomische Grundlagen und Fallbeispiele.

Schläpfer, F. (1998). Lebende Systeme erbringen Umweltdienstleistungen. *Mitteilungsblatt Zürcher Vogelschutz*, **4**, 21–22.

Schläpfer, F., Schmid, B. & Seidl, I. (1999). Expert estimates about effects of biodiversity on ecosystem processes an services. *Oikos* **84**, 346–352.

Schläpfer, F. & Schmid, B. (1999). Ecosystem effects of biodiversity: a classification of hypotheses an exploration of empirical results. *Ecological Applications* **9(3)**, 893–912.

Schläpfer, M., Zoller, H. & Körner, Ch. (1998). Influences of mowing and grazing on plant species composition in calcareous grassland. *Botanica Helvetica* **108**, 57–67.

Schmid B., Birrer, A. Lavigne, C. (1996). Genetic variation in the response of plant populations to elevated CO_2 in a nutrient-poor, calcareous grassland. In: Carbon dioxide, populations, and communities. (Körner, C. & Bazzaz, F.A., Hrsg.). Academic Press, San Diego, California.

Schmid, B. & Schläpfer, F. (2000). Die voraussichtlichen Kosten des Nicht-Schützens der Biodiversität. In: *Beiträge zum 10. Mainzer Umweltsymposium.* (Bartmann, H. & John, K.D., Hrsg.). Gabler, Wiesbaden (in press.)

Schwab, A., Dubois, D. & Edwards, P.J. (1999a). Comparison of plant, spider and bug communities as biodiversity indicators in field margins in two regions of the Swiss midland.

Schwab, A., Dubois, D. & Edwards, P.J. (1999b). Variation in indicator species in calcareous grassland and a site evaluation by indicator attributes.

Seidl, I. (1996). Sind die Kosten der Biodiversitätszerstörung berechenbar? *Magazin Unizürich* **3/96**, 26–28.

Seidl, I. & Tisdell, C. A. (1998). Carring capacity reconsidered: from Malthus' Population theory to cultural carring capacity. *Economic Issues* **4**, The University of Queensland.

Seidl, I. & Gowdy, J. (1999) Monetäre Bewertung von Biodiversität: Grundannahmen, Schritte, Probleme und Folgerungen. *Gaia* **2/99**.

Steinger, T., Lavigne, C., Birrer, A., Groppe, K. & Schmid,

B. (1997). Genetic variation in response to elevated CO_2 in three grassland perennials – a field experiment with two competition regimes. Acta Oecologica 18, 263–268.

Stirnemann, P. & Koeppel, H.-D. (1999). Entwicklung der Kulturlandschaft Lägern-Limmattal bis 1940. *Badener Neujahrsblätter* **74**, 37–46.

Stöcklin, J. & Fischer, M. (1999). Plants with longer-lived seeds have lower local extinction rates in grassland remnants 1950–1985. *Oecologia* **120**, 539–543.

Studer, S. (1999). The Schaffhauser Randen: it's grasslands and their management.

Studer, S., Edwards, P.J., Meister, E. & Koch, B. (1999). Dispersal and establishment limitation of plant species in differently managed grasslands: experimental approach and preliminary results. In: *Heterogeneity in Landscape Ecology: Pattern and Scale* (M. Maudsley & J. Marshall, Hrsg.). Proc. 8th Annual Conf. IALE (UK), IACR – Long Ashton Research Station, Bristol.

Uehlinger, G. & Ullrich, K. (1999). Einfluß von Buntbrachen auf die Diversität der Wanzen (Heteroptera) und des Samenvorrats in einer Ackerlandschaft.

Ullrich, K. (1999). Buntbrachen im Klettgau: Vegetation und Wanzenfauna (Heteroptera). *Mittteilungen der naturforschenden Gesellschaft Schaffhausen* **44**, 127–137.

Ullrich, K. & Edwards, P.J. (1999). The colonization of wild flower-strips by insects (Heteroptera). In: *Heterogeneity in Landscape Ecology: Pattern and Scale* (M. Maudsley & J. Marshall, Hrsg.). Proc. 8th Annual Conf. IALE (UK), IACR – Long Ashton Research Station, Bristol.

Van der Heijden, M.G.A., Klironomos, J.N., Ursic, M., Moutoglis, P., Streitwolf-Engel, R., Boller, T., Wiemken, A. & Sanders, I.R. (1998). Mycorrhizal fungal diversity determines plant biodiversity, ecosystem variability and productivity. *Nature* **396**, 69–72.

Weibel, U. (1998). Habitat use of foraging skylarks (*Alauda arvensis* L.) in an arable landscape with wild flower strips. *Bulletin of the Geobotanical Institute ETH* **64**, 37–45.

Weibel, U., Jenny, M., Zbinden, N. & Edwards, J. (1999a). Territory sizes of skylarks *Alauda arvensis* in relation to habitat quality and habitat management in arable farmland.

Weibel, U., Jenny, M., Zbinden, N. & Edwards, J. (1999b). Growth rates of skylark nestlings (*Alauda arvensis* L.) in an intensively used arable landscape with wild-flower strips.

Weibel, U. (1999). The influence of wild-flower strips upon breeding ecology of skylarks (*Alauda arvensis*) in an intensively used arable area.

Wettstein, W. & Schmid, B. (1999). Conservation of arthropod diversity in montane wetlands: effect of altitude, habitat quality and habitat fragmentation on butterflies and grasshoppers. *Journal of Applied Ecology* **36**, 363–373.

Wyss, G. S. and Müller-Schärer, H. (1998). Biologische Unkrautbekämpfung: Resistenzmechanismen. *Agrarforschung* **5**, 373–378.

Wyss, G. S. and Müller-Schärer, H. (1999). Infection process and resistance in the weed pathosystem *Senecio vulgaris* – *Puccinia lagenophorae* and implications for biological control. *Canadian Journal of Botany* **77**, 361–369.

Zaller, J.G. & Arnone III, J.A. (1997). Activity of surface-casting earthworms in a calcareous grassland under elevated atmospheric CO_2. Oecologia 111, 249–254.

Zschokke, S., Dolt, C., Rusterholz, H.-P., Oggier, P., Braschler, B., Thommen, G.H., Lüdin, E., Erhardt, A. & Baur, B. (1999). Short-term responses of plant and invertebrate diversity to experimental grassland fragmentation.

Weiterführende deutschsprachige Literatur

Baur, B., Ewald, K.-C., Freyer, B. & Erhardt, A. (1997). Ökologischer Ausgleich und Biodiversität. Birkhäuser Verlag, Basel.

Bundesamt für Raumplanung & Bundesamt für Umwelt, Wald und Landschaft (Hrsg.). *Landschaft unter Druck. Zahlen und Zusammenhänge über Veränderungen in der Landschaft Schweiz.* EDMZ, Bern, 1991.

Bundesamt für Raumplanung & Bundesamt für Umwelt, Wald und Landschaft (Hrsg.). *Landschaft unter Druck, Fortschreibung. Zahlen und Zusammenhänge über Veränderungen in der Landschaft Schweiz, Beobachtungsperiode 1978 – 1989.* EDMZ, Bern, 1994.

Bundesamt für Statistik & Bundesamt für Umwelt, Wald und Landschaft (Hrsg.). *Umwelt in der Schweiz 1997.* EDMZ, 1997.

Bundesamt für Umwelt, Wald und Landschaft (Hrsg.). *Rote Listen der gefährdeten Tierarten in der Schweiz.* EDMZ, 1994.

Bundesamt für Umwelt, Wald und Landschaft (Hrsg.). *Nationaler Bericht der Schweiz zum Übereinkommen über die biologische Vielfalt.* Bundesamt für Umwelt, Wald und Landschaft, Bern, 1998.

Dobson, A. P. (1997). Biologische Vielfalt und Naturschutz: der riskierte Reichtum. Spektrum Akademischer Verlag, Heidelberg.

Fischer, M. (1998). Über die Ursachen der Gefährdung lokaler Pflanzenpopulationen. *Bauhinia* **12**, 9–21.

Fischer, M. & Schmid, B. (1998). Die Bedeutung der genetischen Vielfalt für das Überleben von Populationen. *Laufener Seminarbeiträge* **2/98**, 23–30.

Gleich, M., Maxeiner, D., Miersch, M. & Nicolay, F. (2000). *Life Counts – Eine globale Bilanz des Lebens.* Berlin Verlag, Berlin.

Hintermann & Weber AG (Hrsg.). *Biodiversitätsmonitoring Schweiz: Bericht über den Stand des Projektes Ende 1998.* Hintermann & Weber AG, Reinach, 1999.

König, B. & Linsenmair, K.E. (Hrsg.). *Biologische Vielfalt.* Spektrum Akademischer Verlag, Heidelberg, 1996.

Körner, Ch. (1999). Biologische Folgen der CO_2-Erhöhung. Biologie in unserer Zeit 29, 353–363.

Körner, Ch. & Hättenschwiler, S. (1998). Die Alpen und das CO_2-Problem. Hochschulverlag AG, Zürich.

OECD (Hrsg.). Umweltprüfberichte Schweiz. Organisation für wirtschaftliche Zusammenarbeit und Entwikkung, ISBN 92-64-56132-3, 1999.

Primack, R.B. (1993). *Naturschutzbiologie.* Spektrum Akademischer Verlag, Heidelberg.

Schmid, B. (1996). Wieviel Natur brauchen wir? *Gaia* **5**, 225–235.

Suter, W., Bürgi, M., Ewald, K. C., Baur, B., Duelli, P., Edwards, J. E., Lachavanne, J-B., Nievergelt, B., Schmid, B. & Wildi, O. (1998). Die Biodiversitätsstrategie als Naturschutzkonzept auf nationaler Ebene. *Gaia* **7**, 173–183.

Wilson, E.O. & Peter, F.M. (Hrsg.). *Ende der biologischen Vielfalt?* Spektrum Akademischer Verlag, Heidelberg, 1992.

Mitarbeiterinnen und Mitarbeiter

Prof. Bruno Baur
Institut für Natur-, Landschafts-
und Umweltschutz
Universität Basel
St. Johanns-Vorstadt 10
4056 Basel
Bruno.Baur@unibas.ch

Prof. Thomas Boller
Botanisches Institut
Universität Basel
Hebelstrasse 1
4056 Basel
Thomas.Boller@unibas.ch

PD Dr. Andreas Erhardt
Marcel Goverde
Dr. Hans-Peter Rusterholz
Institut für Natur-, Landschafts-
und Umweltschutz
Universität Basel
St. Johanns-Vorstadt 10
4056 Basel
Andreas.Erhardt@unibas.ch

Prof. Christian Körner
Dr. Pascal Niklaus
Botanisches Institut
Universität Basel
Schönbeinstr. 6
4056 Basel
Ch.Koerner@unibas.ch

Prof. Diethart Matthies
Dr. Markus Fischer
Dr. Jasmin Joshi
Marc Kéry
Institut für Umweltwissen-
schaften
Universität Zürich
Winterthurerstrasse 190
8057 Zürich
fischerm@uwinst.unizh.ch

Prof. Andres Wiemken
Dr. Marcel van der Heijden
Botanisches Institut
Universität Basel
Hebelstrasse 1
4056 Basel
Andres.Wiemken@unibas.ch

Manuela Di Giulio
Sibylle Studer
Karin Ullrich
Geobotanisches Institut der
ETH
Zürichbergstrasse 38
8044 Zürich

Dr. Padruot Fried
Andrea Schwab
Eidg. Forschungsanstalt für
Agrarökologie & Landbau FAL
Reckenholzstrasse 191

8046 Zürich
Padruot.Fried@fal.admin.ch

Prof. Heinz Müller-Schärer
Département de Biologie/Eco-
logie
Université de Fribourg/Perolles
1700 Fribourg
Heinz.Mueller@unifr.ch

Dr. Niklaus Zbinden
Dr. Markus Jenny
Dr. Urs Weibel
Francis Buner
Schweizerische Vogelwarte
6204 Sempach
zbindenn@orninst.ch

Prof. Bernhard Freyer
Annemarie Dorenbos Theler
Yvonne Reisner
Forschungsinstitut für biologi-
schen Landbau (FiBL)
Ackerstrasse
5070 Frick
B. Freyer@edv1.boku.ac.at

Hans-Dietmar Koeppel
Stöckli, Kienast & Koeppel
Landschaftsarchitekten und
Landschaftsplaner BSLA/SIA
Lindenplatz 5
5430 Wettingen
Hans-Dietmar.Koeppel@skk.ch

Prof. Peter Knoepfel
IDHEAP Institut de hautes étu-
des en administration publique
Route de la Maladière 21

1022 Chavannes-près-Renens
Peter.Knoepfel@idheap.unil.ch

Prof. Hans-Peter Müller
Luzia Jurt
Ethnologisches Seminar
Universität Zürich
Freiensteinstrasse 5
8032 Zürich
hpm@ethno.unizh.ch

Dr. Irmi Seidl
Oliver Schelske
Dr. Felix Schläpfer
Institut für Umweltwissen-
schaften
Universität Zürich
Winterthurerstrasse 190
8057 Zürich
iseidl@uwinst.unizh.ch

Sylvia Martinez
Esther Schreier
MCO BIODIVERSITY
Universitäten Basel und Zürich
Schönbeinstrasse 6
4056 Basel
mco@ubaclu.unibas.ch

Dr. Daniela Pauli
Forum Biodiversität
Schweizerische Akademie der
Naturwissenschaften SANW
Bärenplatz 2
3011 Bern
biodiversity@sanw.unibe.ch

Bildnachweis

Bruno Baur: 50 u., 53 l.
Gabriela Brändle: 130
Francis Buner: 137
Markus Fischer: 62
Christine Huovinen:10 r., 41 u.
Eidg. Forschungsanstalt Wädenswil: 36
Institut für Umweltwissenschaften der Universität Zürich: 5 l., 5 r., 76
Markus Jenny: 41 o., 42 m., 42 r., 43 l., 93 u., 102, 125, 134, 135, 149
Jasmin Joshi: 5 m., 13 u., 18, 42 l., 44, 59, 80, 115, 127 r.u.
Marc Kéry: 13 o., 19, 23, 32 r., 43 r., 66, 100, 156, 157 r.
Gregor Klaus: 127 l., 148
Corinne Klaus-Hügi: 33 r., 56, 88, 93 o., 101, 103, 141
Hans-Dietmar Koeppel: 45 l., 45 r.
Christian Körner: 70 u., 71
Diethart Matthies: 22
Heinz Müller-Schärer: 122, 123
Pro Natura: 99, 108
Dodo Röthlisberger: 54
Martin Schläpfer: 14, 21, 33 l., 157 l.

Bernhard Schmid: 10 l.
Urs Tester: 32 l., 50 o., 94
Karin Ullrich: 126, 127 r. o., 128 l.
Mario Waldburger: 128 r.
Andres Wiemken: 17 o., 17 u.
Michel Wurz: 53 r., 70 o.